U0052302

勝田正志◎監修

徐崇仁◎譯

熱帶魚與水草的飼育法

漢欣文化事業有限公司
Han Shin Cultural Enterprise Co., Ltd.

斑斕而美麗！
享受水族箱的樂趣

有色彩斑斕的熱帶魚悠游、碧綠的水草搖曳著的水族箱，光是看著就能療癒身心。
在此要介紹不管是作為寵物或美麗的室內擺設，都非常值得推薦的熱帶魚水族箱。

▲考量熱帶魚與水草的平衡所做成的獨創水族箱。不僅漂亮，而且有內涵。

要點 POINT 1
小型水族箱的話，
輕鬆地挑戰也OK！

如果是立方體的方塊型水族箱
或超小型水族箱，不用選擇放
置地點，就能輕鬆地開始水族
生活。 以小型魚為中心搭配
水草，來賞玩小小水族箱吧！

針對初學者的小型種
的組合

◀小型熱帶魚在小水族
箱裡就能輕鬆賞玩。

▶日光燈、孔雀魚、劍
尾魚。這是適合初學
者的組合。

鬥魚

在小水族箱就能飼養的代表種。沒有過濾器也OK。

巧克力娃娃

有個性的淡水河豚 —— 巧克力娃娃，要以單一種來飼養。為小尺寸的可愛河豚。

紅水晶蝦

紅與白的花俏模樣非常漂亮，很受歡迎的紅水晶蝦。雖然也可以混養，不過在只有單一品種的小型水族箱中飼養也很有趣。

環境整理得好，就能自然繁殖而增多。

▲顏具存在感的神仙魚和色彩鮮艷的紅白劍,在造景水族箱中非常顯眼。

▲不僅是水草,流木之類的裝飾品也要有效地配置。

A Q U A R I U M

要　點 POINT2 考量設計感,做出造景水族箱

色彩豐富的熱帶魚加上鮮綠的水草,然後放入流木等以做出造景,是水族箱的樂趣之一。請挑戰屬於自己的美麗造景吧!

鼠魚

底砂方面推薦細粒的河砂。

可欣賞鼠魚在吹起底砂的水中嬉戲的樣子。
這是將外部過濾器的排水口設於底部的配置。

▲要從適合於水質、水溫等環境的種類中，挑選可以混養的種類。與體型差太多的，或是會咬鰭的種類混養時必須要注意。

讓各種熱帶魚一同悠游的「混養」的要領

將各種魚混養在一起，樂趣會更多。要挑選喜歡相同環境，而且不會打架的種類。

小型脂鯉與麗麗魚

 +

日光燈

一片藍麗麗

日光燈之類的小型脂鯉最好成群飼養。

和小型麗麗魚等小型魚混養也OK。

鯉魚和鼠魚

 +

金三角燈

熊貓鼠

鯉科中要注意脾氣粗暴、會咬其他魚鰭的種類。

鼠魚只要水質合適，便能與許多種類混養。

孔雀魚和小型脂鯉

 +

孔雀魚（藍草尾）

紅裙剪刀

尾鰭較長的孔雀魚，不能和會咬鰭的魚混養。

除了同屬小型脂鯉的種類以外，與鯰魚的成員也可以混養。

神仙魚和茉莉

 +

神仙魚

橘氣球茉莉

還小的時候可以混養。會打架時就要分開。

茉莉和劍尾魚的體型稍大，也可以混養。

▲要等水族箱環境整理好了以後再去選購魚兒。

要點 POINT 4 不會失敗的器材選擇與水族箱裝設

水族生活從備齊器材開始！在買魚之前先將水族箱裝設好，就是不會失敗的秘訣。

水族箱→P20　　過濾器→P21　　加熱器→P24　　砂礫→P26

燈具→P25

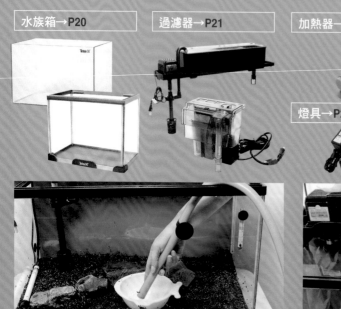

等器材備齊後再來裝設水族箱。作成適合熱帶魚飼養的水是很重要的。

在將魚放入水族箱的時候，要慢慢地使其適應新環境。對水（P46）是成功的關鍵。

▲要讓水族箱環境經常保持潔淨，每天的維護是不可或缺的。

投餌時會馬上靠過來。飼料給太多的話會污染水質，所以要留意適度的量。

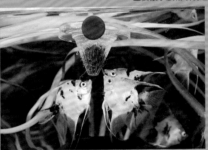

絲蚯蚓等活餌是熱帶魚的最愛。可以不時地給予。

換水要定期地進行。水質的惡化會立即對魚產生不良影響。

換水前要先清除青苔。

| 要　點 POINT 5 | 每天的照顧與維護技巧 |

每天的照顧與維護技巧

飼料投餵與水族箱的檢查是每天不可或缺的照顧。要定期換水，使水族箱裡的環境維持潔淨。

飼料→P50

清潔用具→P60

▲將數種水草平衡地配置。水草水族箱要不時地修剪，以保持水景。

要點 POINT 6　水草的種植法與培育法的成功技巧

襯托水族箱的各種美麗水草。在此要介紹初學者也能簡單培育的種類。要先了解培育方法的成功技巧喔！

推薦給初學者的水草目錄→P120

鐵皇冠

小榕

翡翠莫絲

亞馬遜劍草

不僅是在水中，水上也能享受水草造景的水陸缸（P148）。抓到要點就可以簡單地做成。

買來的水草要仔細地處理根部後再種植。

水草長長以後要加以修剪，剪下來的部分也可以再種植。

神仙魚

神仙魚是產卵以後也會成對孵育子女的魚。成對以後要放入繁殖用水族箱裡看顧。

孵化以後的稚魚在生後3週左右就會長成神仙魚的形態。

在雙親四周游動的剛孵化的稚魚們。

要點
POINT 7

讓牠們繁殖，然後培育稚魚吧！

成對飼養的話，有些品種就可以簡單地繁殖。不管是初學者還是達人，繁殖都是水族玩家的一大樂趣。看著牠們產卵、稚魚的孵化、成長的模樣，實在令人感動。

紅水晶蝦

在腹部可以看到的褐色的東西就是卵。單種水晶蝦要以複數飼養。環境合適的話自然會繁殖。

左為剛孵化不久的稚蝦。

卵胎生鱂魚

孔雀魚是以享受繁殖樂趣為主的代表性品種。這是生後第3天的稚魚。

黑茉莉的稚魚。生後約1星期。

劍尾魚的稚魚。

9

「熱帶魚與水草的飼育法」

C O N T E N T S

目次

PART 6 適合初學者！漂亮的水族箱造景

PART 7 疾病的照顧與飼養的Q&A

給今後預定飼養熱帶魚的人

　　喜歡多采多姿的熱帶魚的人越來越多了。如果是小型水族箱的話，不須煩惱擺放的地點，馬上就可以飼養也是其熱門的原因。

　　另外，濃淡的綠意非常漂亮的水草，也可以說是療癒水族箱的主角。在各種水草間悠游的熱帶魚，可以讓觀賞美麗水景的人們獲得心靈的療癒。

　　本書是針對今後要開始水族飼養的人，進行飼養器材挑選法、水族箱裝設法等等的詳細解說。在適合初學者的熱帶魚目錄與水草指南中，也介紹了豐富的種類。

　　歡迎一起進入美麗的水族世界中吧！

AQUARIUM

飼養器材的
準備與裝設

首先要決定飼養型態！

配合想要養的熱帶魚
及水族箱的大小與置放地點，
來決定飼養的型態。

想要養哪一種熱帶魚？

從眾多的魚兒中
決定所要養的種類

　　熱帶魚的品種很多，不管哪一種都很漂亮。首先，要找出自己想養的魚、喜愛的魚。看看是想要養單種魚還是混養，選擇的種類也會有所不同。如果不知該如何選擇時，不妨跟店家商量一下。

● 哪一種熱帶魚適合初學者？ ●

★體型較小的魚
中型、大型的熱帶魚水族箱管理起來比較麻煩。

★強健而對水質不太挑剔的
對水質敏感的魚容易死亡，不適合初學者。

★容易餵養的
不需要活餌，可用配合飼料養育的魚比較簡單。

★價格平實的
剛開始最好避免高價的魚。

也很推薦給初學者！ 熱門的熱帶魚

日光燈	孔雀魚	神仙魚	鼠魚

配色美麗，非常普遍的熱帶魚。

就觀賞用而言色彩非常漂亮，只養雄魚也 OK。

典型的熱帶魚外觀，也很受初學者的喜愛！

樣子很樸實又可愛，頗受歡迎。

決定飼養方法？

想要什麼樣的水族箱？
考慮水族箱的大小

熱帶魚的飼養有各種不同的賞玩方式。

即便使用同一種水族箱，也會因單一種類的魚群泳，或是各式各樣的魚在一起混泳等，而有完全不同的景觀。

放入熱帶魚與水草的水族箱，也是一種光是看著就有療養效果的室內擺設。另外，除了觀賞之外，也可以享受繁殖的樂趣。

請事先決定好要在什麼樣的水族箱、如何賞玩熱帶魚等等的飼養型態吧！

可以用金魚缸養熱帶魚嗎？

在用小水族箱也可以養的熱帶魚中，比較有名的是鬥魚和白雲山。鬥魚的特徵是有著與其他魚種不同的呼吸器，所以在金魚缸中即使沒有過濾器也可以飼養。換水或餵食之類的照顧工作與其他魚種相同，夏季以外還是需要加熱器。

鬥魚在小容器中也可飼養。

進行混養　搭配合得來的複數種類，進行混養也很有趣。

賞玩水草　妥善搭配數種水草加以種植，賞玩水草的綠意。

挑戰繁殖　成對飼養，營造適合繁殖的環境使其產下稚魚。

想養這個！　如果有特別想養的種類，也可以單種成對或多數地養。

水族箱的尺寸呢？
決定水族箱的大小與器材

在決定飼養型態的要點方面，首先要考慮的就是水族箱的大小。隨著水族箱大小的不同，放置地點也會受到限制。

近年來小型水族箱的種類也很多，如果想輕鬆地開始飼養的話，最好選擇寬度 20cm 到 40cm 左右的小型水族箱。

隨著水族箱大小的不同，所能放養的魚種與數量也有一定。如果已經先決定好想飼養的種類時，反過來配合魚種來選擇水族箱也是很重要的。

大神仙魚之類體長可達 12cm 左右，所以也必須考慮到為了配合其成長而得更換水族箱的事。

●願意花費時間與金錢嗎？

在熱帶魚的飼養上，願意花費多少時間與金錢，也是決定飼養型態的條件之一。

例如，過濾器的種類不同，換水頻率也會不一樣。如果使用高價且過濾能力高的過濾器的話，自然換水的麻煩就會減輕。另外，如果使用二氧化碳系統的話，可以種植的水草種類就會增加，生長也會變好，但是每個月就會產生額外的氣瓶費用。

請考慮能夠花費的預算與工夫來決定飼養型態。

如果選擇小型水族箱的話，就無法飼養會長得很大的魚。

原來如此！專欄 Column　熱帶魚是什麼樣的魚呢？

談到熱帶魚，大家腦中會浮現什麼樣的魚呢？是否認為「熱帶產的色彩豐富的魚」都是熱帶魚呢？

正確說來，熱帶魚就是指熱帶產的淡水魚。

因為不包括熱帶產的海水魚，所以動畫電影中出名的小丑魚等並不叫熱帶魚。有的店不僅販賣熱帶魚，也有販賣海水魚。海水魚所要求的水質與飼養方法和熱帶魚完全不同，所以不要請搞錯了。

熱帶魚主要的原產地為以亞馬遜河流域為中心的南美洲、東南亞與非洲。

其中又可以分成將野生魚類捕獲而來的採集魚，以及人工養殖的養殖魚。店裡所見到的魚大多為東南亞養殖者。

一般而言，養殖魚比較容易飼養。日本產孔雀魚為已適應當地水質且容易飼養的熱帶魚。

決定飼養型態

首先要決定的是，是要以想養的魚種為優先，還是要以水族箱的大小為優先。已經決定好想養的魚時要採用 **A** 步驟，以水族箱的大小來決定時則採用 **B** 步驟，以這個方式來決定飼養型態。

A	B
### 決定要養的魚	### 決定水族箱

如果已經清楚想要養的魚種時，就要配合種類來決定器材。此外也要決定是要養一尾，還是要成對或成群飼養、是否要養其他魚種等等。

水族箱的放置地點必須選在穩固且耐重的地方。是要用小型水族箱？還是有放置中、大型水族箱的空間？請配合客觀條件來決定。

決定水族箱

配合要養的魚種與數量，選擇夠大的水族箱。過濾器也要配合水族箱的大小，考慮其功能性來決定。

決定要養的魚

依照水族箱的大小來決定能夠飼養的魚種與數量。注意不要放入過多的魚，同時選購過濾器等設備。

決定水草 ‧ 裝飾品

本書所介紹的水草都是初學者也很容易培育的種類。
請配合水族箱和魚種，挑選水草的種類，再放入流木、石塊等裝飾品。

● 只養喜歡的魚的小型水族箱！

寬度在 17 ～ 20cm 左右的小型水族箱可以放在任何地點，能夠輕鬆地飼養熱帶魚。可以做成只養喜歡的魚的單純水族箱。

例 ▶ P138～141

● 混養也 OK 的中型水族箱

可混養數種熱帶魚、輕鬆地做為室內擺設的中型水族箱。請以混養的組合是否合得來，以及看起來美觀與否來考量。

例 ▶ P142～145

● 可放入多數魚和水草的
　大型水族箱

寬度達 60cm 以上的水族箱，可以植入許多種類的水草，做成真正的造景水族箱。不妨將喜好相同水質、品種相近的魚混養幾種看看吧！

例 ▶ P146～147

水族箱‧過濾器‧加熱器‧燈具……挑選飼養器材

在購買熱帶魚前，
要先準備飼養器材並裝設完成。
請準備適合所構想的飼養型態的
器材。

在購買魚之前？

不可以同時購買飼養器材和魚喔！

　　決定要養熱帶魚後，在買魚之前要先準備飼養器材。這是為了讓熱帶魚能飼養成功的最重要的關鍵。

　　在水族箱設置好當天就馬上將熱帶魚放入的話，魚兒死亡的機率就會變高。

　　裝設好水族箱、起動過濾器後，大約要一星期才能完成熱帶魚適合生存的環境。如果想要成功飼養熱帶魚，最好在水族箱裝設好約一星期後再去買魚。

水族箱裝設好以後，經過約一星期再去買魚。

ONE POINT
一點建議
ADVICE

剛開始要備齊的東西

●水族箱　　●過濾器與濾材

●水質調整劑　●砂礫　　●加熱器

●控溫器　　●燈具　　●水溫計

●背景紙　　●流木與石頭等飾品

●水草　●上蓋板　●魚網　●飼料

放魚要在1星期後！

來挑選器材吧！

備齊從水族箱到裝飾品等必要的東西

在準備熱帶魚的飼養所需要的器材類時，要考量到飼養型態與機能性。最低限度必要的東西請參考左頁。

另外，水族箱的大小、過濾裝置的性能、針對水草的 CO_2 系統等，根據預算的差異，所挑選的器材也會有所不同。

最好在同一家店購買飼養器材與魚，這樣比較容易獲得建議。

挑選飼養器材的實例

小型立方體水族箱

小型水族箱可以找到將必要的東西成套販賣的商品。過濾器一般為外掛式。另外，還要準備自動加熱器、配合水族箱大小的燈具等。砂礫可以挑選喜好的種類。

一般中型水族箱

寬度在30～40cm的中型水族箱是容易操作，燈具等器材也很容易購買的尺寸。過濾器以外掛式為普遍，不過使用上部或外部過濾器也OK。另外要準備加熱器和燈具。

挑戰正宗派！

想要在寬度60cm以上的水族箱賞玩水草的話，建議要使用CO₂系統。過濾器以使用上部過濾器或是過濾能力較高的外部過濾器為宜。CO₂系統的初期費用約要1萬日圓左右。

原來如此！專欄 Column　器材類的價格標準

飼養器材有各種不同的價格帶。高價的東西性能大多也不錯，所以很難說便宜的比較好，或是貴的比較好。請配合預算與價格來挑選吧！

套裝商品比較平價，但是如果想自己選擇過濾器的話，還是以單品來組合為宜。

價格的標準，小型水族箱套組約從3000日圓起跳，中大型水族箱套組約從5000日圓起跳。

要告訴店員您的預算。

挑 選 水 族 箱

水族箱的種類

　　水族箱有玻璃製、壓克力製等。小型到中型的水族箱幾乎都是玻璃製的，價格便宜又容易使用，很值得推薦。

　　壓克力製的有比玻璃更輕、容易加工的優點，主要是用在 90cm 以上的大型水族箱。

這裡是重點！POINT

水族箱的放置地點要先決定好

　　請事先決定好水族箱要放在房間的什麼地方。

　　水族箱放入水和砂礫以後會變得相當重，因此在能夠承受重量的穩固場所水平地置放是非常重要的。如果稍有傾斜，導致重量分布不平均的話，水族箱就有產生裂痕、乃至破裂的危險性，所以要特別注意。

　　如果是要放在台子上，要挑選穩固且強度夠的台子。60cm 以上的水族箱重量也有 60～80 公斤，所以最好要使用水族箱專用的台子。

水族箱要放置於穩定性佳，置放重物也沒問題的場所。

水族箱的大小

　　尺寸的種類很豐富，從 17cm 左右的超小型水族箱開始，有各種尺寸。請依照想養的魚和飼養方式來挑選。大型水族箱的重量也重，所以處理時須要多加留意。

　　另外，為了防範水分蒸發、魚兒跳出，也要準備合乎水族箱大小的上蓋板。

水族箱的寬度一般是在30cm、40cm、60cm、90cm，但是近年來市面上也出現了各種尺寸的水族箱。

沒有框的類型或是做成圓角的類型，輪廓看起來也很美。

寬度在 17cm～22cm、被稱為立方體水族箱的超小型水族箱也很受歡迎。

挑 選 過 濾 器

過濾器的功能

過濾器（過濾裝置）是將水族箱中的水一面循環一面淨化的裝置。搭配適合過濾器的濾材，就能將水過濾以保持水質潔淨。雖然換水也是必要的，但是單靠換水是無法維持一定水質的。

另外隨著濾材的種類不同，水質的酸鹼值（pH 值）也會有變化。過濾器與濾材是對水質具有重大影響的器材。

物理過濾與生物過濾

過濾器有物理過濾與生物過濾兩種功能。所謂的物理過濾是將魚的排泄物與吃剩的餌料等廢棄物加以過濾；而生物過濾則是將排泄物等產生的氨等有害物質，以過濾細菌來加以分解。

就過濾器的功能而言，這種生物過濾尤其重要。因為在濾材中自然產生的細菌可以維持魚類容易生存的水質。

ONE POINT
一點建議
ADVICE

打氣的作用

你有看過水族箱裡的魚在水面上將嘴巴一開一合的樣子嗎？這是水中溶氧量不足時的狀態。魚是用溶於水中的氧氣來呼吸的，所以如果氧氣不足就會造成缺氧。

為了避免氧氣不足，將空氣送進水中的作業就叫做打氣。將打氣幫浦套上管子，另一端裝上打氣石，將細微的氣泡送出使用。

如果有裝過濾器，則過濾過的水會將空氣帶入再回到水族箱裡，所以就不需要打氣。若是暫時性地將魚放入護理水族箱（P46・151），或是夏季水溫較高的時候，就必須要打氣了。

● **打氣幫浦**

可將空氣送入水中。

● **打氣管**

連接打氣幫浦與打氣石使用。

● **打氣石**

連接打氣管，將氣泡送入水中。

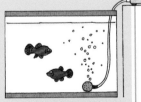

打氣可將空氣送入水中。

過濾器的種類

過濾器有外掛式、上部式、外部式、底面式、投入式、海綿式等。

過濾器各有其特徵，所以不僅是功能性，還有濾材交換的方便性與裝好後的外觀等也要考慮，再來加以選擇。

對於小型水族箱而言，比較方便的是外掛式過濾器。它的優點是具有從小型到中型水族箱都足夠的過濾能力，裝設和濾材交換也很輕鬆。

濾材的功能與種類

放入過濾器的濾材，具有使過濾細菌得以繁殖、將水淨化的功能。隨過濾器的不同，有些要使用專用的濾材包，或是可選擇濾棉或粒狀的濾材。

濾棉是上部過濾器所使用的濾材，也具有物理性地清除廢棄物的功能。粒狀濾材、環狀濾材等則是將每一粒的表面積變大，使得過濾細菌容易繁殖。另外，也有使用活性碳或牡蠣殼所做成的濾材。

過濾器的種類

外掛式過濾器

只要將專用的濾材放入就可以使用，操作非常簡單。最適於小型水族箱。

上部過濾器

配合水族箱的尺寸裝設於上方的過濾器。可放入濾棉、活性碳或粒狀等的濾材來使用。

外部過濾器

也叫動力式過濾器。由於大型且過濾能力強，所以主要是用在 45cm 以上的水族箱。

底面過濾器

裝設在水族箱的底部，上面鋪上砂礫，由砂礫扮演濾材的角色。

投入式過濾器

將裝入專用濾材的過濾器沉入水族箱使用的型式。以空氣幫浦來推動。

海綿過濾器

由裝在吸水口的海綿扮演濾材的角色。最適於有稚魚棲息的水族箱。

濾材的種類

濾棉
可去除水中的廢棄物，也可以讓過濾細菌繁殖。

環狀濾材・粒狀濾材
表面有無數小洞，可以讓過濾細菌容易繁殖。

活性碳
可吸收水中的氨等，淨化水質。

牡蠣殼・珊瑚
雖然能穩定水質，但是會影響 pH 值，有的魚可能不適合（P26）。

過 濾 器 的 構 造

外掛式過濾器

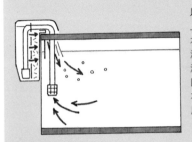

以幫浦將水抽上來，從掛在水族箱上的過濾器本體的過濾層溢出，流回水族箱裡。本體要放入專用濾材使用。

上部過濾器

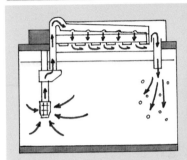

裝設於水族箱上方。以幫浦抽上來的水流到過濾層，通過裝在其中的濾棉或濾材後，流回水族箱裡。

外部過濾器（動力式過濾器）

以過濾器裡的幫浦將水抽上來，通過過濾層裡的濾材後，經由連接的水管流回水族箱裡。

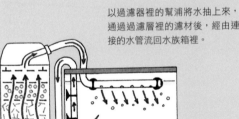

底面過濾器

以連接於水族箱外的空氣幫浦將經由水族箱底砂的水抽上來，再流回水族箱中。由底砂的砂礫扮演濾材的角色。

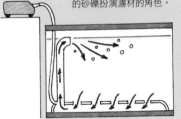

投入式過濾器

水通過放在水族箱內的過濾器，流回水族箱裡。以置於外頭的空氣幫浦推動。

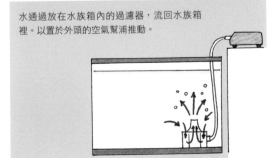

海綿過濾器

裝在吸水口上的海綿可以繁殖過濾細菌，水通過這裡後就能過濾。

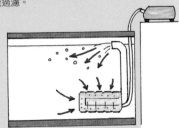

挑 選 保 持 水 溫 的 器 材

加熱器的功能

對於原產熱帶的熱帶魚而言，水族箱的水溫維持是很重要的。最適合大多數熱帶魚的室溫是 20 ～ 27℃。即使是在溫暖的室內，秋冬之間水溫還是會降低，所以水族箱一定要裝設加熱器。加熱器的瓦特數要配合水族箱的大小來挑選。

●水族箱的大小與加熱器的瓦特數

水族箱的大小	加熱器的瓦特標準
30cm以下	50W
45cm以下	75W、100W
60cm以下	150W

種類與選擇方法

水溫調節是組合加熱器與能夠感測水溫並自動開關的控溫器來運作的。

目前已經有加熱器與控溫器一體化的產品上市了，使用起來很方便。有能夠經常保持一定溫度的簡易自動加熱器，與可以設定想要的溫度、附有控溫器的加熱器等。

萬一加熱器在地震等時掉出水族箱外是很危險的。最好選擇一離水就能自動關掉，也就是附有「空燒防止功能」的類型。

自動加熱器

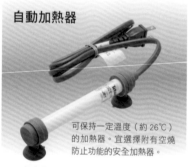

可保持一定溫度（約26℃）的加熱器。宜選擇附有空燒防止功能的安全加熱器。

加熱器與控溫器

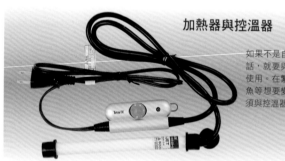

如果不是自動加熱器的話，就要與控溫器配合使用。在繁殖或治療病魚等想要變化水溫時，須與控溫器配套使用。

加熱器套管

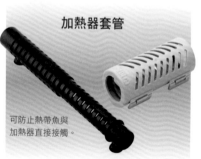

可防止熱帶魚與加熱器直接接觸。

水溫計

要裝設在水族箱容易看得到的地方，以便經常確認水溫。

風扇

夏季為了防止水溫過度上升，可以裝設水族箱用的風扇，將風吹向水面。

挑 選 燈 具

照明的功能

熱帶魚水族箱也需要照明。不僅是要讓水族箱變得更加明亮美觀，同時也能營造出白天與晚上的時段，有助於讓魚兒正常作息。

另外，照明對於水草的培育也是很重要的。水草也是植物，所以如果光線不足的話就會枯萎。反之，如果光線太強的話，不僅是水草，連青苔都可能會發生。

燈具的種類

燈具要配合水族箱的尺寸，使用水族箱用的螢光燈。瓦特數則要根據水族箱的尺寸、所種植水草的種類等來決定。

要賞玩水草水族箱的話，建議要加強光量。燈具的顏色雖然也有很多種類，但是一般而言，能讓魚兒看起來更漂亮的是白色系與藍白色系。

能夠固定在水族箱邊緣，小型水族箱專用的迷你燈具。

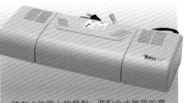

跨在水族箱上的類型，要配合水族箱的寬度來挑選。照片所顯示的是本體有滑座，寬度在 30 ～ 60cm 都可使用的機型。

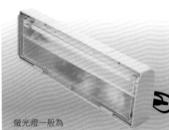

螢光燈一般為
1支或2支的款式。
可以配合需要的光量來選購。

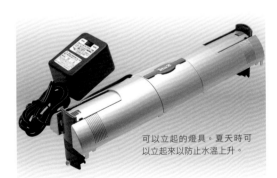

可以立起的燈具。夏天時可以立起來以防止水溫上升。

燈具對於熱帶魚的健康來說也是很重要的器材。要讓水草成長，光量也是必需的。

挑選砂礫

砂礫的功能

水族箱中不放入底砂雖然也可以飼養熱帶魚,但放入砂礫的好處是還可以讓魚兒穩定下來。另外,如果有種植水草的話,砂礫也是必要的用具。隨著砂礫種類的不同,對水草的育成也會產生影響。

另外,細菌也會在砂礫上繁殖,所以也有過濾及安定水質的作用。

●砂礫的種類與對水質的影響

弱酸性	← 中性 →		弱鹼性
土粒	大磯砂		珊瑚砂
	矽砂(因商品而異)		

種類與選擇方法

砂礫有各式各樣的種類,其中有些對水質會有影響,所以要配合魚兒的種類來決定。

最普遍的大磯砂接近中性,對於水質幾乎沒有影響,所以不論哪一種魚都可以使用。珊瑚砂會使水質變成鹼性,所以不適合喜好弱酸性水質的魚。

如果想以培育水草為主的話,建議使用以火燒製而成的土粒。其特徵為包含了作為肥料的成分,有益於水草的生長。

另外,也有各種粒子大小、色澤不同的砂礫,可依喜好來選購。

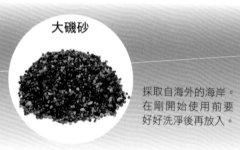

大磯砂

採取自海外的海岸。在剛開始使用前要好好洗淨後再放入。

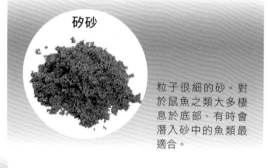

矽砂

粒子很細的砂。對於鼠魚之類大多棲息於底部、有時會潛入砂中的魚類最適合。

土粒

這是將土燒製成粒狀的產品,可以讓水草成長良好。由於會慢慢地崩解成為粉狀,所以每年要全部更換一次。

珊瑚砂

因為會讓水質變成鹼性,要注意。可以使用在喜好中性到弱鹼性的孔雀魚、劍尾魚等鱂魚類,或是金娃娃等。

挑 選 裝 飾 品

為了使水族箱看起來更漂亮，在水族箱後側所貼上的就是背景紙。有藍色、黑色之類的單色系，或是使用岩石或水草照片等的類型。貼上背景紙以後，可以更清楚看見熱帶魚，也能增添不少水族箱之美。

在水族箱的造景中，除了水草之外，使用流木或岩石也很好。可以直接放入做為裝飾，或是讓水草附生後再放入，使水族箱裡多一些變化。

流木最好使用水族箱專用的商品。如果放入水中會產生灰汁的話，要泡水一星期以上，將灰汁去除後再使用。

背景紙
有素色的，也有印了水草或岩石等背景的商品。

流木

可做為水族箱裡的裝飾或是魚兒的隱藏地點。

溶岩及石塊

用於水族箱造景。

水 質 調 整 劑

水族箱裡的水不能直接使用自來水。作水是飼養熱帶魚時最重要的要點，也是初學者很容易失敗的地方。

在剛開始裝設水族箱的時候，一定要使用水質調整劑來作水。由於自來水中含有消毒用的氯，所以必須要有將之無害化的中和劑（除氯劑）。黏膜保護劑則是用來保護魚的表皮、鰓等的物品。使用新水的時候，一定要使用中和劑與黏膜保護劑。

此外，也有穩定酸鹼值的調整劑，以及可在短期間內繁殖細菌的細菌原液。必要時不妨加以利用。

中和劑

自來水的除氯用中和劑。

黏膜保護劑

可將自來水的重金屬無害化的黏膜保護劑。

水質穩定劑

穩定酸鹼值等以防止水質惡化。

酸鹼值調整劑

用於調整酸鹼值。

第一次的水族箱裝設

來裝設要放入熱帶魚的水族箱。
水族箱裡的造景與機材的裝設，
請依步驟進行。

裝設之前

準備要放入水族箱的砂礫等

砂礫與水放入水族箱以後，重量會變得相當重，移動起來非常不便。一開始就要決定好水族箱的放置地點，在該地點進行裝設。

●清洗水族箱

在開始進行裝設前，水族箱要先以清水洗乾淨。不僅是水族箱，在清洗熱帶魚的飼養器材時，也絕對不能使用清潔劑。

●清洗砂礫 · 流木

大磯砂或矽砂之類的砂礫，要以流水確實地清洗，洗到水不會變髒為止。土粒用水洗的話就會崩解，所以請直接使用。

如果要使用流木或石塊來佈置的話，也請先用水洗淨。

清洗砂礫

砂礫要一面沖水，一面像淘米一般地用力搓洗。

要確實地清洗到水不會變髒為止。

清洗流木

泡在水中會讓水變成褐色的流木就必須先水洗。

以鬃刷等進行搓洗，一直洗到水不會變色為止。

浸泡在水桶中，讓灰汁自然消除。

水 族 箱 裝 設 的 步 驟

以使用上部過濾器的場合為例，介紹裝設的方法。

1 在放置水族箱的地點鋪設水族箱大小的墊子（保麗龍、橡膠墊等）。

2 將水族箱置於墊子上。如此可以提升穩定度，如果是橡膠墊的話還有防滑效果。

3 在水族箱的背側貼上背景紙。最好是從後方貼上透明膠帶。

4 將砂礫一點一點地放入。要注意的是，如果用水桶一口氣倒入的話，底部可能會產生裂痕。

5 砂礫要好好地整平。做成前低後高的模樣也很好。

6 考量造景放入石塊。如果以石塊將砂礫擋住，還可以做出落差，產生變化。

※ 裝設水族箱的時候，請務必要好好閱讀操作說明書。

7 在水族箱上放置上部過濾器，將濾材放入過濾層中。照片中的活性碳與粒狀濾材分別被放入網袋中使用。

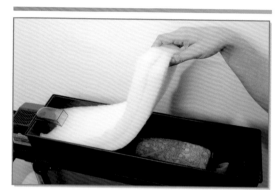

8 在活性碳與粒狀濾材之上放入 2 枚濾棉。

9 蓋上過濾器的蓋子。先不要打開電源。

10 放入加熱器。要放在水族箱角落的砂礫之上。

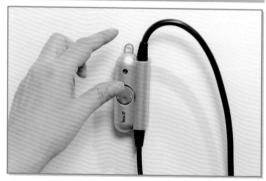

11 將連接加熱器的控溫器裝上。

12 在水族箱的玻璃面上裝置水溫計，以便容易從外側看見。

13 將水注入到水族箱的 3 分之 2 左右。以小盤子盛接水管的水，注水時就不會弄亂砂礫。

14 避免淋到玻璃地注入熱水，將水溫調整到 26℃左右。水位高度大約是在離水族箱上緣 7～8cm 的地方。

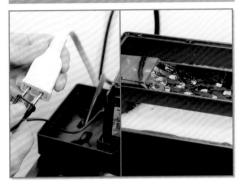

15 打開過濾器的電源。插座最好放在不會被水族箱的水濺到的位置。

16 放入水質調整劑（除氯劑、黏膜保護劑）。

17 再打開加熱器的電源。運轉 1～2 小時後，原本白濁的水就會變得透明。檢視水溫是否在 26℃左右。

專欄 這樣是不行的！ 馬上放入的話會讓魚兒死亡!?

　　熱帶魚飼養失敗最常見的原因，就是剛裝好水族箱就將魚放入。

　　剛裝好的水族箱還沒有完成能夠養魚的環境。如果就此將魚放入的話，死亡的機率是非常高的。

　　水族箱裝設好以後，要裝上過濾器將水運轉 1 星期左右，等細菌自然發生，然後再將魚放入。這就是成功的捷徑。

18

在水運轉1～2小時以後，將加熱器與過濾器的電源關掉，以便進行種植水草的作業。

19

將水草插入砂礫中（買來的水草之預先處理法請參照P126）。以鑷子夾住根部或以手種植均可。

20

確定水族箱內的位置後，放入流木。

21

加入調好溫度的水，使水位上升到離水族箱上緣3～4cm處。

22

蓋上蓋子，裝上燈具。

23

打開加熱器的電源，設定在26℃。

24

打開過濾器的電源，以這樣的狀態運轉1星期。燈光每天要開7～8小時。

25

1星期後，將水族箱裡的污垢撈除完畢，再將魚放入（放魚的方法請看P47）。

裝設完畢！

裝設的步驟【外掛式過濾器】

1 將水族箱以水洗淨。水族箱之下要鋪上墊子。

2 將洗好的砂礫一點一點地放入。

3 將砂礫整平。做出前低後高的模樣。

4 將外掛式過濾器掛在水族箱的邊緣，將濾材放入過濾槽中。

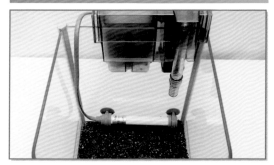

5 將加熱器置於水族箱底部後，注入水並將水溫調到26℃，再放入流木或水草。

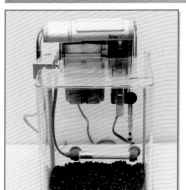

6 蓋上蓋子，裝上燈具。在過濾器的過濾層中加水，打開電源。

裝設的步驟
【底面過濾器】

1 水族箱以水洗淨。連接底面過濾器與空氣管，
裝在水族箱上。

2 以空氣管連接底面過濾器與空氣幫浦。空氣幫
浦要放在比水族箱高的位置，或者裝上逆止閥。

3 在過濾器上放入砂礫。注入調好水溫的水，打
開電源。

裝設的步驟
【外部過濾器】

1 在外部過濾器裡放入濾材。有的商品是成套的，
也有另外販賣的。

2 蓋上過濾器的蓋子。連接空氣管。

3 在過濾器上連
接進水管、出
水管。在水族
箱中接上吸水
口、水管、空
氣管，裝設好
後打開電源。

裝設的步驟【水陸缸】

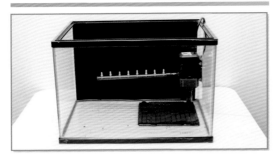

1 將底面過濾器放入水族箱裡，連接水中幫浦與雨淋管後裝妥。

2 放入砂礫，將石塊或流木設置在雨淋管周邊好加以隱藏。最好先將完成時的模樣用紙筆畫下來。

3 將排水管分別套入每個雨淋管的孔上。建議使用方便的 CO_2 用耐壓管。在排水管內放入銅線。

4 為了讓排水管所流出來的水能夠滋潤流木，要一面想像完成時的模樣，一面將銅線固定在流木上。也可以使用釣魚線。

5 將排水管分別固定在流木上。

6 把翡翠莫絲鋪在流木上。將水注入到藍色線條的部分為止，放入水草，再將加熱器裝在流木後方，打開電源。建議使用可立式燈具（P25）。

什麼樣的水
對熱帶魚比較好？

飼養熱帶魚的水不僅要注意到水溫，
還有水質管理。要事先知道適合熱帶
魚的水質。

有關水質方面
要備好適合
熱帶魚的水

　　要健康地飼育熱帶魚，確保適合熱帶魚的水質是很重要的。該種熱帶魚原本是棲息在哪個原產地的種類、喜好什麼樣的水溫、水質等，這些都要先知道才行。

　　即使是淡水魚，棲息於河川的種類和靠近海洋的半淡鹹水域的種類，其適合的水質也不相同。在酸鹼值上偏酸還是偏鹼也可以做為水質的標準，因此也是作水時的參考。

熱帶魚的出身地與分佈

　　熱帶魚的 3 大出身地為南美的亞馬遜河、東南亞和非洲大陸。

　　一般在店面看到的熱帶魚有 6 ～ 7 成都為原產於亞馬遜河的魚。日光燈等脂鯉科的成員也是原產於亞馬遜河，適合弱酸性的水。波魚等鯉科的成員、麗麗魚等攀鱸科的成員則為東南亞產，也是喜好弱酸性水質。而非洲產的魚或棲息在半淡鹹水域的魚，則是適合鹼性的水質。

適合初學者的熱帶魚大多能適應弱酸性的水質。

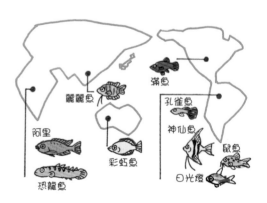

水族箱的生態系

活菌可以維持水質

本書介紹的是不需要困難作水的熱帶魚。只要在自來水中放入水質調整劑，進行水溫調整就可以用來飼養熱帶魚。

水族箱裡的水會被排泄物污染，但是經由過濾器的作用，可以某種程度地維持水質。

讓水變乾淨的原理

過濾器會將水族箱裡的水加以循環，防止水變髒。藉由讓水流動以帶入新鮮空氣，使水質得以淨化。

水族箱裡的水通過過濾器的時候，魚的排泄物與殘餌、枯萎的水草、青苔之類的廢棄物會被濾除，亦即所謂的物理性過濾。

除此之外，為了進一步進行生物性過濾，最重要的就是細菌。

水族箱裡的廢棄物會產生對魚有害的氨，這也是造成水質惡化的原因。而繁殖於濾材中的細菌則會將氨分解成無害的硝酸鹽物質。

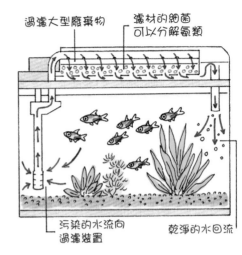

過濾大型廢棄物　　濾材的細菌可以分解氨類

污染的水流向過濾裝置　　　乾淨的水回流

這時該怎麼辦？

萬一水變濁的話……

水族箱新裝設時，可能會出現水變得白濁的情形。這大多是因為砂礫的關係，只要讓過濾器運轉一陣子，混濁就會消失。

混濁嚴重的時候，或是混濁遲遲無法消除的時候，不妨試試將水抽掉後重新更換。另外，市面上可以買到細菌原液，放一些進去看看也不錯。

混濁的時候不妨換水看看。

在水族箱中出現的小小生態系。

初學者也沒問題！
熱帶魚飼養的要點

是不是覺得飼養熱帶魚很難呢？
不過，只要遵守基本事項就沒有問題。
首先就從容易飼養的魚和水草開始吧！

熟悉了以後，只要看水就可知道水的狀態。

POINT
1　器材要比魚還早備齊

　　雖然很想早一點把魚買進來，不過還是要先把器材備齊。

　　考慮裝設後的照顧方法、決定水族箱的擺設地點等，有許多要先做好的事情。

POINT
2　剛開始很重要！
　　裝設一定要完美！

　　水族箱裡的環境對熱帶魚來說就是一切。為了營造適宜的環境，剛開始的裝設不能隨便，最好能做得完美。

　　水族箱和器具不能用清潔劑，而是要用水清洗，砂礫和流木也要用水洗好。照著步驟裝設好以

魚對水族箱來說似乎有點太少的程度就剛剛好。

後，就可以打開過濾器開始作水。

　　水溫、水質的條件具備好後，才能將魚放入水族箱。此時也不能心急地放入，一定要先進行對水。要將手伸入水族箱中時，也要先好好洗手。還要注意化妝品或肥皂等，殺蟲劑等也不要在水族箱旁邊使用。

POINT
3　不要太貪心！
　　略少的魚是基本原則

　　初學者容易失敗的地方，就是想養各式各樣的魚而將魚放得太多。魚一多不僅會加速水質惡化，同時打架、追逐、有的魚吃不到餌料的情形也會發生。將熱帶魚放入水族箱時，要控制在看起來有點稀疏的數量。

POINT
4　每天的照顧要確實

　　在飼養熱帶魚時必須每天進行的基本照顧有3個：①給予餌料、②照明的開・關、③檢查魚和水、飼養器具的狀態。

　　在①給予餌料方面最重要的是不要超量給予。在②方面使用定時器也很好。最需要注意的是③的觀察。也可藉此了解定期換水或清理的時機。

PART **2**

迎接魚兒的方法
與混養技巧

購買好熱帶魚的要點是？

水族箱準備妥當以後，
總算可以去買熱帶魚了。
請到有健康熱帶魚的店家
挑選強健且漂亮的魚兒吧！

選擇店家

購買熱帶魚時，如何挑選好店家呢？

要成功飼養熱帶魚，最重要的就是購買健康的魚。為此，選擇有販售狀態良好的魚的「好店家」是很重要的。這時觀察的重點在於水族箱是否潔淨、熱帶魚是否有健康活潑地悠游等，有沒有確實地進行管理是很重要的。

如果有知識豐富、對魚的特徵與飼養要點等知之甚詳的店員，就可以說是良好的店家。

要選擇販售健康魚兒的店家。

詢問飼養忠告

在購買飼養器具或魚的時候，要試著詢問有關熱帶魚飼養的種種。如果是會給予親切忠告的店家，日後有問題時也會接受商量，比較能放心。

ONE POINT 一點建議 ADVICE

魚的「護理」是指什麼呢？

你曾經在熱帶魚專賣店裡看過標示著「護理中」的水族箱嗎？

這是將剛進貨的魚放入加了藥的水族箱裡調整狀態的意思。剛進貨的魚可能會因為移動而衰弱，還要擔心疾病或寄生蟲的感染，所以要護理到良好狀況再販賣。

如果購買剛進貨還沒有護理的魚，飼養失敗的可能性也會提高，要注意。

挑選魚兒

決定想要養的種類後，再來挑選健康的魚

挑選熱帶魚的時候，鑑別健康狀態是很重要的。健康的魚看起來很漂亮，能清楚地顯現出該種類原本的顏色與花紋。

體表或魚鰭有傷痕、身體部分出現變色、斑點等等，看起來很衰弱的魚都要避免。

● 檢查整個水族箱

熱帶魚的疾病會感染整個水族箱。要避免從有病魚的水族箱中挑選。如果是良好的店家，應該會找出生病的魚並移到別的水族箱進行管理。

另外，若是熱帶魚水族箱裡有種植水草且培育得很漂亮時，表示水質很好。在這樣的水族箱中的魚也可以安心地購買。

在店面挑選熱帶魚。有的店會讓顧客自己撈選。

魚要儘快帶回家。在寒冷時期要以報紙包覆，或是用暖暖包保溫。

這樣的魚不行！

體表沒有光澤，體色骯髒

體表出現斑點

體表有蟲附著

鰭的末端變白、溶化

鱗片立起

背部彎曲

魚鰓激烈地鼓動

眼睛或魚鰓腫起來

腹部過度膨脹或過度凹陷

游泳方式怪異

原來如此！專欄 Column 熱帶魚可以活幾年？

熱帶魚可以活得很久。壽命雖然隨著種類而有所不同，不過孔雀魚等卵胎生鱂魚的話約 1～2 年，日光燈等其他的小型熱帶魚約為 3～4 年。如果是大型的熱帶魚，也有活到 10 年以上的例子。

日光燈或鯉科成員等小型魚的壽命約3～4年。

可以放入水族箱的熱帶魚組合

水族箱準備妥當以後，總算可以去買熱帶魚了。請到有健康熱帶魚的店家，挑選強健且漂亮的魚兒吧！

選擇魚的種類

想要養什麼魚？
先選擇主要的種類

剛開始飼養熱帶魚的時候，多數人都不是只養一種魚，而是在同一個水族箱裡飼養數種熱帶魚吧！

首先，要決定想作為主角來養的熱帶魚，然後選擇能夠跟該種魚混養的種類。

如果放入個性不合的種類的話，可能會出現因為打架、被攻擊而衰弱的情況。

能夠混養的條件是？

選擇混養種類的基本是，魚的體型不能相差太多。在狹窄的水族箱中，小魚有被大魚吃掉的危險，所以要留意。而且小型魚與大型魚所吃的餌料大小也不相同。

另外，有攻擊性、肉食性的種類、會咬其他魚的魚鰭的種類也不適合混養。還有，在水質和水溫方面，選擇喜好相同環境的種類也很重要。

ONE POINT 一點建議 ADVICE

魚打架時的解決方法

魚兒同伴間是否有打架或追逐其他魚的情況呢？雖然個性不合的魚最好不要養在一起，但若是能稍微想一點辦法，還是可以混養的。

首先，要增種水草做成魚的隱藏場所。在水族箱裡隔出不同區域也可以防止打架。如果是相同種類的魚，增加數量也有效果。比起只有2尾，3尾比較不容易打架。

增殖水草可以預防打架。

混養的要點

水族箱的外觀也要考慮
以決定混養的種類

在魚的體型大小與飼養環境能夠合得來、容易混養的種類當中，魚的體色與形狀等也要列入考慮，來挑選所喜好的魚。作為主角的魚約佔全體的 7 成左右，再放入 1～2 種其他的魚作為配角，看起來就會很漂亮。

另外，隨著魚種的不同，其游泳的場所也不一樣，所以不妨利用這個性質，巧妙地組合看看。大多數的小型熱帶魚都會待在水族箱的中間部分，因此若能加上游泳於水面附近的燕子魚，或是大多棲息於水底的鼠魚成員等作為配角，讓水族箱裡各個角落都有魚，看起來就會很漂亮。

銀燕子
加入會在水面附近游泳的銀燕子，可以讓水族箱給人的印象熱鬧起來。

鼠魚
鼠魚主要棲息於底部，以下沉的飼料為食。

原來如此！專欄 Column　水族箱裡的吉祥物　攝食青苔的成員

只要飼養熱帶魚，在水草或玻璃面上就可能會長青苔。經常清潔雖然也可以防治，但如果能放入喜歡攝食青苔的魚，也不失為有效的青苔防止對策。

攝食青苔的代表種有鯰科的成員小精靈和蝦類的成員等。都是性格溫馴，可以和小型熱帶魚混養的種類，所以很值得推薦。小精靈會貼在玻璃上吃食青苔，蝦子則可吃食附著在水草上的青苔。

另外還有茉莉、石蜑螺等，也是推薦用來清除青苔的好幫手。

小精靈	茉莉	石蜑螺	大和沼蝦

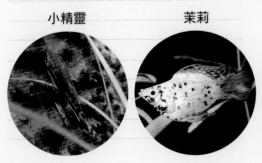
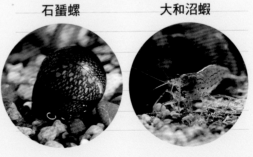

值得推薦的組合

可以做成漂亮的水族箱，很值得推薦的組合。在此介紹混養水族箱的範例。

日光燈及其成員

以日光燈為代表、群泳的小型脂鯉，是很值得推薦混養的成員。小型脂鯉成員不管是哪些種類混養起來都不會有問題。可以賞玩多采多姿的水族箱。

飼養魚例 日光燈、藍國王燈、紅鼻剪刀、銀燕子、石蜑螺

孔雀魚及鱂魚的成員

以孔雀魚為中心，加入滿魚與茉莉的組合；配角則為鼠魚。鱂魚的成員為容易混養的種類，但如果要繁殖的話，建議只養一種。

飼養魚例 孔雀魚、滿魚、茉莉、鼠魚

波魚與脂鯉

鯉科成員中適合混養的就是波魚了。由於不具攻擊性，所以與小型脂鯉混養也沒問題。小精靈則是清除青苔的吉祥物。

飼養魚例 波魚、綠蓮燈、小精靈

麗麗魚與脂鯉

麗麗魚要以不會長得很大的種類雌雄成對地放入。配角方面以性格溫馴的脂鯉為宜。另外再放入清除青苔的蝦子做成混養水族箱。

飼養魚例 麗麗魚、玻璃彩旗、大和沼蝦

值得推薦的組合

神仙魚幼魚與劍尾魚

神仙魚可以長到全長 12cm 左右，也有吃掉小型魚的
情形。幼魚還只有 5cm 大小，所以和已經長大的劍
尾魚混養是可行的。

飼養魚例 神仙魚、劍尾魚、鼠魚

神仙魚會長得很大。出現打架時就要將水族箱分開。

混養時要注意的熱帶魚

　　即便同為熱帶魚，也要注意對其他魚有攻擊性的
魚。

　　例如鯉科成員的四間鯽，體型小、模樣漂亮，看
起來似乎很適合混養，但其實卻是非常活潑的魚，有撕
咬其他魚的魚鰭的傾向，所以要避免與孔雀魚或神仙魚
混養。河豚也有攻擊性，而且適合的水質也不同，所以
不能與其他魚混養。

　　另外，熱帶魚中也有成群放養不如成對或單獨飼
養為宜的種類。孔雀魚或茉莉等卵胎生鰭魚以一對為單
位來飼養比較容易穩定下來。麗麗魚的成員則以單獨或
成對飼養為宜。小型的神仙魚與其只養 2 尾不如 3 尾以
上較佳。

四間鯽會咬其他魚
的魚鰭，所以要避
免與鰭比較長的種
類混養。

茉莉以成對為單位
飼養，就可享受自
然繁殖的樂趣。

活潑的神仙魚以放
入3尾以上為理想。

這個作業極為重要！
將魚放入水族箱裡吧！

終於要在準備好的水族箱裡放入熱帶魚了。
飼養熱帶魚最初的難關就在這裡！
請務必先記住這個讓初學者也能安心的
對水方法吧！

對水的重要性
將魚放入水族箱的時候
一定要先進行對水

　　所謂的對水就是將水溫與水質慢慢地均一化的作業。熱帶魚對於水質的變化很敏感，所以不可急遽地將魚放入不同的水中。

　　要將買回來的魚放入水族箱時，最重要的是一定要慢慢地讓魚兒習慣。如果不確實地進行對水，則魚兒死亡的機率就會變高。

不會失敗的對水

　　魚兒來到家中後，首先要調整水溫。先將裝魚的塑膠袋放入水族箱中。接著將水族箱的水一點一點地加入袋中，使魚兒慢慢適應家裡的水族箱水質。由於水族箱的水與店裡的水大多水質不同的關係，所以這個動作特別重要。

　　對水是飼養熱帶魚要成功的最初門檻。請不要心急，要慎重地進行。

ONE POINT
一點
建議
ADVICE

熱帶魚買回來
後的護理

　　在家裡的水族箱中加入新魚時，如果新魚有病的話，連其他的魚也會有死亡的情形。為了防範這種情形發生，在放入水族箱之前要先進行護理（P40），比較能夠讓人安心。

●護理的方法

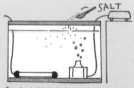

1 在小型水族箱裡裝設加熱器與投入式過濾器（不要使用活性碳）。每3L的水加入1小匙的天然鹽以及標示量的藥劑（Green F Gold等）。

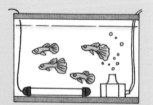

2 對水後將魚放入，進行約10天的藥浴。10天後，如果魚很健康的話，就將一半的水換掉使藥的濃度降低，再藥浴10天。然後再進行對水，將魚放入水族箱中。

對 水 的 步 驟

1 挪開水族箱的燈具與蓋子，將買來的熱帶魚連同塑膠袋直接放入水族箱中。不要打開袋子。

2 放置 30 分鐘以調整水溫。

3 打開袋口，固定於水族箱上緣使其漂浮。注意不要讓魚從袋中跳出。夏天時要留意是否缺氧，不要長時間放置。

4 將水族箱的水一點一點地加入袋中，靜待5分鐘。每隔5分鐘加水一次，共進行5次左右。途中如果袋裡的水快滿出來的話，就要倒掉一點。

5 將魚從袋中撈起，放入水族箱裡。此時要注意不可將袋裡的水倒入水族箱中。

6 水族箱裡減少的水量以調好水溫的新水進行補充，這樣就完成了。

※ 當天不要給予餌料。經過一天後，如果魚穩定下來的話再一點一點地給予。

究竟是如何呢？
熱帶魚的身體構造

魚兒的身體究竟是如何構成的？
若能了解各部位的名稱與構造，在飼養上也大有幫助。

 ## 身體是如何構成的？

　　說到魚最具特色的地方，就是牠們是用鰓來呼吸的。通常我們叫做鰓的部分，正確名稱應該是鰓蓋，而位於其中的鰓則負責吸收水中的氧氣。

　　但是也有例外，像是可直接以口吸入空氣的鬥魚與麗麗魚之類的攀鱸科成員。因為牠們具有稱為「迷鰓器官」的特殊器官，所以能夠忍耐缺氧的情況，在狹窄的水族箱中也不會有問題。

　　身體兩旁的側線也是魚獨特的器官，具有能感知水中的聲響和振動的功能。

 ## 熱帶魚的色彩與體型的秘密

　　不同種類的熱帶魚，為了適應各自的游泳方式和棲息環境，體型也是五花八門。小型熱帶魚等快速游泳的魚兒基本上都是簡潔的身形；在有狹窄障礙物的場所游泳的魚大多體型較扁；而會潛入砂中的魚則會呈上下扁平的形狀。

　　熱帶魚有豐富的體色，狀態越好看起來就會越鮮艷。若是半夜突然打開燈而變亮的話，有時體色也會暫時變得蒼白。

　　隨著魚的種類而異，為了讓魚的體色更顯鮮艷，也可以使用特別針對「揚色用」的飼料。

熱帶魚的身體與各部位的名稱

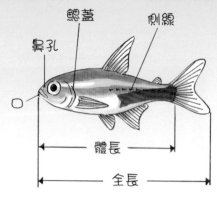

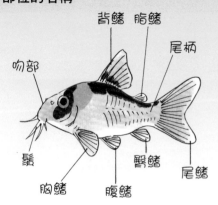

PART 3

A Q U A R I U M

飼料投餵與
水族箱的維護

能健康養育的飼料給予法

熱帶魚的餌料有各種種類。
要先配合魚的種類來選擇餌料，
了解能使其健康成長的分量與次數。

熱帶魚的食性

肉食？草食？雜食？
了解熱帶魚喜好的餌料

野生的熱帶魚是以蟲、魚或植物等為食的。小型到中型的熱帶魚大多是以魚或昆蟲、水草、青苔等為食的雜食性魚。

肉食性的魚具有將包括小型魚在內的會動的東西認為是餌料的傾向。雜食性的魚也會吃掉稚魚或小型魚類，所以混養時要注意。

在熱帶魚之中，草食性比較強的有小精靈與蝦子等，都相當會吃青苔和水草。

餌料的種類

以市售的熱帶魚飼料
為主來進行餵食！

在熱帶魚的餌料上，目前可以買到各式各樣的配合飼料。基本上，不論是哪一種魚都可以用配合飼料為主來進行飼養。

有的飼料偏向植物性、有的飼料偏向動物性等，成分各不相同；另外還有浮於水面的類型與沉底的類型、粒狀、片狀等的不同，請依據魚的習性來選擇。除了配合飼料以外，冷凍飼料、冷凍乾燥飼料也能輕鬆地買到。其他還有蚯蚓等活餌。

小型種的大多為雜食性。

從各式各樣的飼料中選擇合適的飼料。

餌料的種類

人工飼料

片狀類型

薄片狀的飼料是萬能類型。因為會慢慢下沉，所以不管哪一種魚都很方便食用。

錠狀類型

棲息於底部的鼠魚用等等。屬於沉底的類型。

粒狀類型

小型熱帶魚用等等。

不同種類的飼料

也有孔雀魚用、脂鯉用、神仙魚用等等，不同種類專用的飼料。

動物性飼料

活餌

活的絲蚯蚓是任何熱帶魚都愛吃的，所以可當作副食給予。

冷凍紅蟲

這是將搖蚊的幼蟲冷凍起來的產品。可用來餵食肉食性強的種類。

乾燥飼料

也有將水蚤等冷凍乾燥而成的飼料。

其他餌料

菠菜

蝦類等草食性高的種類也可以給予稍微燙過的的菠菜。注意不要殘留農藥，好好地清洗。燙過後分成小包，冷凍保存以便使用。

投餵的次數與分量

次數為一天 1～2 次，給予能吃完的量

　　熱帶魚基本上要每天餵食。一天1次或2次，給予能在1～2分鐘內吃完的量。如果是一天分2次給予時，要分別給予一日總量的一半。

　　如果飼料放太多的話，吃剩的飼料會使水質惡化，成為妨礙魚兒健康的原因。若是水族箱中還有飼料，但魚卻對飼料興趣缺缺時，就表示給予的量太多了。

　　因旅行而不在家的時候，最好裝設能自動將飼料投入水族箱的定時器。小型魚的話1～2天不投餌也沒關係。

習慣以後，餵飼料時魚兒就會靠過來。

混養水族箱的飼料投餵

　　在混養水族箱裡，動作比較遲緩的魚有時會很難吃到飼料。這個時候，比起粒狀飼料，建議使用片狀類型的飼料。因為它會緩緩地下沉，所以任何魚都能容易吃到。另外，對於只吃底部飼料的魚，請併用下沉類型的飼料。

鼠魚等棲息於底部的魚雖然會吃殘餌，但最好也合併使用專用飼料。

ONE POINT 一點建議 ADVICE

試著給予絲蚯蚓看看！

　　絲蚯蚓是魚喜歡吃的活餌。雖然餌料也可以只用人工飼料，不過繁殖時給予絲蚯蚓也很不錯。

　　絲蚯蚓在熱帶魚或金魚店都有販賣。買來以後要放入裝有淺水的塑膠盒中，進行打氣（P21）保存。1星期內使用完畢。

使用絲蚯蚓專用的餵食杯，或者放入小盤等置於底部。

高明餵食的要點

要注意分量！

注意飼料不要餵太多。只餵能在1～2分鐘內吃完的量。

決定好餵的人和時間

不要重複餵食，先決定好家庭之中由哪個人在何時餵予飼料。

要進行健康檢查

每天投餵飼料的時候，都要觀察魚的樣子，檢查健康狀態。

飼料的保存法

人工飼料開封以後會因濕氣等而變質，所以要儘早用完。以密閉容器冷藏保存也很好。

以定期換水
來保持良好環境

要經常地進行水質與器具的
檢測，使魚兒能健康地生活。
飼養水要定期換水，以維持
讓魚兒能舒適生活的環境。

水族箱的檢測
要每天觀察水族箱
和魚兒的情況！

最能大大影響魚兒健康的就是水族箱裡的水
的狀態。水要隨時保持潔淨，以維持魚兒容易生
活的環境。

請務必要養成習慣，每天檢查水溫、水是否
骯髒，以及魚兒是否有健康地游泳等。

水的污濁是造成疾病的原因。要經常檢測透明度與污染程度。

原來如此！專欄 Column... 飼養器具的維護與壽命

水族箱的飼養器具必須要定期維護。請詳閱
說明書，檢查過濾器的幫浦等的功能是否有降
低。

加熱器是維持水溫的重
要器具。請以 1 年為基準加
以更換。螢光燈雖然可以使
用 2 年左右，但是會漸漸變
暗，所以建議約 1 年就要更
換。

要養成加熱器與螢光燈在到達其使用壽命前就更換的習慣。

每天的檢查重點

燈光的開與關

沒有使用定時器時,要以手動方式開關。一天的開燈時間以 8 ～ 10 小時為基準。

水溫的確認

每天餵飼料的時候要檢查水溫計。夏天要注意水溫的過度上升,必要時可加裝風扇(P64)。

魚兒的狀態

魚兒是否健康地游著、身體是否有受傷或生病、是不是每隻魚都有確實吃到飼料等。有死亡的魚時就要馬上撈除。

水草的狀態

檢查有沒有水草溶掉或枯萎。如果葉尖枯萎了或是長太長的話就要修剪(P130)。

水的狀態

水是否變得混濁、白線蟲(P59)等是否有大量繁生?當水污濁的時候就要換水。

器具的檢查

加熱器或過濾器是否有確實地運轉、螢光燈是否有變暗等,要檢查使用的器具。

為什麼要換水？
換水頻率的基準

過濾器可以某種程度地維持水族箱裡的水質。雖然對魚有害的氨可經由細菌分解為亞硝酸鹽及硝酸鹽，但這些成分要是累積過多的話，水質就會極端地變成酸性。即便經由水草或過濾器的吸收多少可以減輕一些，但光是這樣是無法保持水質的。

水族箱裡如果累積了亞硝酸鹽、硝酸鹽的話，就會變成魚兒難以生存的環境。另外，酸性的水也是滋生青苔的原因。為了讓魚兒健康地生活，定期換水是必要條件。

換水的時機依水族箱的大小與魚的數量而有所不同，基本上是每個月 1～2 次。不要一次換掉所有的水，而是每次更換約 3 分之 1 左右的水。

試著進行水質檢測

換水最好定期進行，以免忘記。換水的時機會依水族箱的大小、魚和水草的數量而有所不同。剛開始時不妨進行水質檢測，以便查出換水的時機。

測定酸鹼值的酸鹼值測試劑，使用起來非常簡便。7 為中性，6.9 以下為酸性，7.1 以上為鹼性。另外也有測定亞硝酸鹽的測試劑，使用方法請看商品說明書。

要知道換水的時機，利用測試劑也是好方法。從右起是酸鹼值測試劑、亞硝酸鹽測試劑、硝酸鹽測試劑。

水看起來很乾淨，卻可能已經髒了。定期換水很重要。

設法避免殺死細菌！

換水的時候，水族箱的水不能全部換新，是為什麼呢？這是因為要防止水質的急遽變化，同時讓細菌能存活下去。

細菌會棲息在砂礫或濾材上。砂礫或濾材如果以自來水清洗的話，負責維護水質的細菌就會死亡。

細菌是維護水質非常重要的東西。一邊照顧這些細菌，一邊高明地進行換水是很重要的。

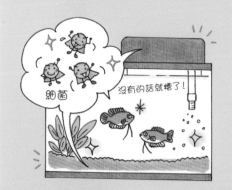

細菌

沒有的話就糟了！

為了避免在換水時殺死水族箱中重要的細菌，砂礫或濾材要用飼養水沖洗。

換水的步驟

這裡要注意!　為了維持水族箱內的環境，換水與過濾器的清洗是必要的。
換水與過濾器清洗（P60）的日子要分開，以便讓細菌存活。

1 關掉過濾器與加熱器的電源。使用底床清潔器
（P60）等，將砂礫裡的污物翻出，同時將水族箱
的水吸出約3分之1左右。

2 水桶裡裝上新水，加入熱水調溫，使水溫與水族箱
裡的水相同。

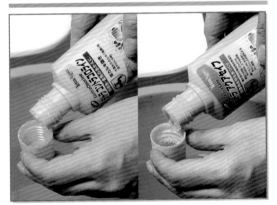

3 加入水質調整劑（除氯劑、黏膜保護劑）。

4 以容器取水，一點一點地加入。等加到必要水量時
再蓋上蓋板，裝回燈具，打開過濾器與加熱器。

青苔與污物
產生時的處理法

即使有確實地管理水族箱，
仍然會有青苔與污物產生。
請了解其原因，確實地處理。

青苔對策

水族箱裡產生青苔的時候
要儘快去除

　　水族箱裡之所以有青苔產生，主要原因是水的污染與光量。要留意水族箱裡的魚和投餌量不要太多，並且定期進行換水與清理。

　　點燈的時間太長，或是水族箱受到直射陽光的照射也會造成青苔滋生。請將點燈時間縮短看看。

　　重要的是，在青苔產生後，要在還沒有增殖前就儘快清除乾淨。

去除青苔的
器具。

把刮片抵住玻璃面，將青苔刮除。

斑點狀青苔

綠色的斑點狀青苔。即使水質狀況良好，還是會在玻璃面上發生。去除以後，只要降低照明時間與光量即可。

水綿狀青苔

呈深綠色膜狀且黏稠的青苔。水草被覆蓋的話可能會導致枯萎。只要砂礫裡累積污物就會產生，所以要換水並清理砂礫。

鬚狀青苔

偏褐色的鬚狀青苔。換水不夠或過濾能力不足的話就會在玻璃面或水草上產生。

飼養水的問題

水裡好像有什麼東西？
請注意混濁和微生物

　　熱帶魚的水族箱只要每個月換水1～2次就可以了，但有時即使換過水了，水還是很混濁。有可能是魚的數量過多，或是飼料給予太多以致產生污物的關係，這時要增加換水的次數。

　　附著在水草上的白線蟲或渦蟲等微小生物可能會出現大量產生的情況。因為不是寄生蟲，就算多少有一點也不會有問題，但是放著不管的話會一直增加，所以最好在換水時加以清除。

白線蟲

很小的白色線蟲，體長約5～10mm。可在大掃除時去除。特別要將過濾器和濾棉清理乾淨。

渦蟲

體長10～20mm。在大量發生前就要進行大掃除。大量發生時可用鹽水清洗砂礫等物品。

● 出現油膜時該怎麼辦？

　　水面上有時會自然出現油膜。油膜並沒有害處，若是在意的話可用廚房紙巾加以吸除。

　　水面如果有流動，就不會有油膜出現。若是經常出現油膜，不妨進行打氣等，使用能讓水面流動的過濾器效果也不錯。

為了避免在換水時殺死水族箱中重要的細菌，砂礫或濾材要用飼養水沖洗。

ONE POINT
一點建議
ADVICE

卷貝大量發生時該怎麼辦？

　　大多附著在水草上的卷貝，會隨著水質惡化而增加。除了一發現就抓除以外，沒有別的方法。可以在夜晚時將高麗菜片放入水族箱中，卷貝就會集中過來，到了早上再將整片葉子丟棄。

　　放入高麗菜時要留意農藥，好好用水洗過以後再放入。

對付卷貝可以放入高麗菜看看。如果放入太多飼料的話，也可能會不靠過來。

過濾器與水族箱要定期清理

為了維持魚兒的健康與水族箱的美觀，
要進行過濾器與水族箱的清理。
大掃除以每年1次為基準。

讓水族箱永保美觀！

去除青苔與污物，維持潔淨的水族箱

即使有定期換水，水族箱還是會慢慢地變髒。只要一發現附著在水族箱上的青苔就要加以清除。市面上也有販售去除青苔的器具，不妨加以利用。

另外，每年1次實施水族箱的大掃除也是很重要的。

過濾器的清理

過濾器的濾材會變髒，所以要定期更換，並清洗過濾器內部。清洗的方法請參考右頁。清理以每月1～2次為基準，換水則要在別的日子進行。

舊的濾棉和濾材要更換新品，粒狀、環狀的濾材等，要以水族箱的水沖洗以後再重新裝上。

清掃器具

市面上有各式各樣的清掃器具，
網子請挑選方便使用的產品。

用海綿來清洗水族箱相當方便。

網子

水桶

底床清潔器

換水幫浦

牙刷

青苔刮除器

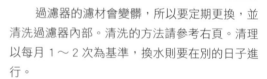

過濾器與水族箱的清理

上部過濾器的清理

1 將過濾器的電源關掉。把過濾層的濾棉中最上面一片拿掉。下面的濾棉與濾材以水族箱的水沖洗。

2 將濾材放回過濾層，放上一片新的濾棉。再將一片用過的濾棉放在最上面。

外掛式過濾器的清理

關掉過濾器的電源，更換新的濾材包。

外部過濾器的清理

飼養水　嘩啦　嘩啦

關掉過濾器的電源，將水管等拆下，取出過濾層的濾材，以飼養水（水族箱的水）沖洗。之後再重新裝上。

海綿・投入式過濾器的清理

飼養水　搓搓　洗洗

將吸入口的海綿、投入式過濾器的濾材部分拆下，以飼養水沖洗後重新裝上。可以更換的部分就以新的濾材更換。

底部過濾器的清理

飼養水

將砂礫取出，以自來水清洗，最後再以飼養水沖一遍，重新裝設底部過濾器。

※所謂的飼養水就是有定期換水的水族箱裡的水。如果水族箱裡的水很髒時，請依照P57的步驟2、3重新作水，以該水來進行清洗。

大 掃 除 的 步 驟

除了平常的清掃、換水與過濾器的清理之外，還要以每年1次為基準進行大掃除。
使用土粒系列的砂礫時，要在大掃除時將砂礫全部換新。
另外，在發生疾病或寄生蟲感染的時候也需要大掃除。清掃時不可使用清潔劑。

1 在大掃除的1個禮拜前就要先將過濾器清理完畢。

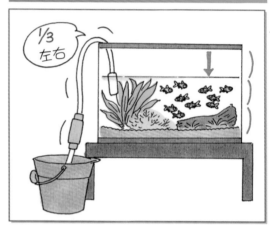

2 為了要在大掃除後放回去，飼養水（水族箱裡的水）要先汲取3分之1左右備用。

3 將水族箱裡剩餘的飼養水汲取到水桶，以網子將魚兒撈起移過來。水草則要移到另一個裝有飼養水的水桶裡。

4 放入熱帶魚的飼養水水桶為了避免水溫下降，要先放入加熱器。打氣也要一併進行，比較安心。最後蓋上蓋子，以免魚兒跳出。

5 將水草或流木、石塊等裝飾品取出。如果有附著青苔或污垢，就以牙刷等刷掉，先洗好備用。

6 水族箱內側以海綿等清潔。玻璃面的青苔也可以使用青苔刮除器。

7 以底床清潔器或幫浦將剩下的水抽乾。加入自來水清洗砂礫，再將髒水抽掉。重複2～3次這樣的作業，將砂礫洗淨。

8 將砂礫鋪好，放入一半左右的新水。在水族箱裡放入水質調整劑（除氯劑、黏膜保護劑），水溫調到與4相同，再放回水草和裝飾品。

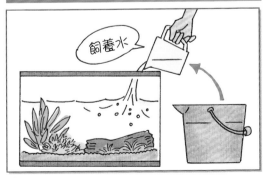

9 在2汲取的飼養水裡加上熱水，倒回水族箱，水溫調到與4相同。打開過濾器的電源使水循環。

10 將加熱器裝回水族箱，讓水循環一陣子。檢測水溫，將魚放回水族箱就完成了。

對熱帶魚而言，夏天非常難熬！
炎夏時要有水溫對策！

養熱帶魚時對於水溫的急遽變化要特別注意。
要經常確認是否保持在適溫狀態。

 ## 留意水溫管理

　　熱帶魚水族箱必須以加熱器進行水溫調整。使用自動加熱器或控溫器時，雖然可以保持適溫，但還是要經常加以確認。

　　自動加熱器有溫度固定設在 26 ℃的類型，以及可以變換設定的類型。

　　一般使用固定溫度的類型就夠了，但是為了促進繁殖，想讓水溫有所變化時，可以自由設定溫度的類型會比較方便。

 ## 以風扇降低水溫

　　加熱器除了炎夏以外，要經常地裝在水族箱上。夏天時，有時水溫會高達 30℃以上。雖然叫做熱帶魚，但在自然界中水溫並不會高到那樣的程度。隨著種類的不同，如果持續 30℃左右的高溫的話，可能會出現衰弱而死的情形。

　　為了防止水溫過度上升，要裝置水族箱專用的風扇。藉由將涼風吹向水面，可以預防水溫上升。將電風扇對著水面吹也有效果。燈具也是造成水溫上升的原因，所以建議夏天時要裝設在離水面稍遠處。但要注意避免魚兒跳出。另外，在水族箱附近請不要使用殺蟲劑或蚊香。

使用可以夾在水族箱上的專用風扇，非常方便。

只要將電風扇的涼風從水族箱前方吹過，就能讓水溫下降。

可以裝在離水面稍遠、較高位置的燈具。

PART 4

AQUARIUM

適合初學者的
熱帶魚目錄

日光燈的成員

日光燈

DATA

原產地	南美・亞馬遜河
全　長	3～4cm
水　溫	22～27℃
水　質	弱酸性至中性

作為熱帶魚的代表性魚種，非常普及，價格也便宜，很受人歡迎。紅色的身軀與從頭部延伸而來的藍帶極為漂亮。以 10 尾為單位群體放養，能讓水族箱更加出色。飼養也很簡單，非常適合初學者。

白化日光燈

DATA

原產地	改良品種
全　長	3～4cm
水　溫	22～27℃
水　質	弱酸性至中性

這是將日光燈的白化個體固定下來的改良品種。雖然不是普及的品種，但與日光燈一樣好養。呈現漂亮的白色光澤，建議可放在小型脂鯉的混養水族箱中。

紅蓮燈

DATA

原產地	南美・內格羅河
全　長	4～5cm
水　溫	22～27℃
水　質	弱酸性至中性

比日光燈稍大，腹部的紅色部分擴散到頭部，給人華麗的印象。是強健且容易飼養的熱門品種。也有背部閃著白光的白金紅蓮燈。

綠蓮燈

DATA

原產地	南美・內格羅河
全　長	3cm
水　溫	22～27℃
水　質	弱酸性至中性

類似日光燈，但是體型稍小。特徵是身軀的藍帶延伸到尾鰭根部，紅色部分的發色較淡。隨著光線角度的不同，有時看起來像綠色，但其實是比較接近藍色。

日光燈是南美產的小型脂鯉。在脂鯉之中雖然是以日光燈比較有名，
但其實小型脂鯉的每一種都是容易飼養，群泳起來很漂亮的魚。

黑燈管

DATA

原產地	巴西
全　長	4cm
水　溫	22～27℃
水　質	弱酸性至中性

體表為黑底有銀色閃亮色帶的日光燈的成員。已經成為普及的品種，飼養也和日光燈一樣簡單，所以也是初學者最合適的熱帶魚。

藍線金燈

DATA

原產地	圭亞那
全　長	3～4cm
水　溫	22～27℃
水　質	弱酸性至中性

這是在銀色中帶有藍色的金燈。金燈中有如其名般呈金色的個體，據說是因為發光細菌的寄生才會有此體色。飼養與其他燈魚一樣容易。

紅尾玻璃

DATA

原產地	南美・亞馬遜河
全　長	6cm
水　溫	23～27℃
水　質	弱酸性至中性

特徵是在透明的身體上有著紅色的尾鰭，很美麗的品種。身體透明代表體況良好。在東南亞的養殖很盛行。於水面附近群泳的姿態非常漂亮。

紅鼻剪刀

DATA

原產地	南美・亞馬遜河
全　長	5cm
水　溫	22～27℃
水　質	弱酸性至中性

以赤紅色的頭部與尾部的白黑模樣為其特徵。在小型脂鯉中體型稍大，成群放養時，即便是在混養水族箱中也很有分量，值得推薦。水質越適合、狀況越佳時，紅色就會越鮮豔。

紅燈管

DATA

原 產 地	圭亞那
全 長	3～4cm
水 溫	22～27℃
水 質	弱酸性至中性

在透明的身軀上，有一條鮮紅色帶從頭部連接到尾鰭根部，與紅色的背鰭為其特徵。是很普及的種類，強健且容易飼養，適合混養。狀態越好，發色越是美麗。

檸檬燈

DATA

原 產 地	亞馬遜河
全 長	3～4cm
水 溫	22～27℃
水 質	弱酸性至中性

如其名所示，體色呈淡黃色，成魚的背鰭與臀鰭邊緣也會呈現檸檬黃。亦有白化種。因為也有吃水草的情形，所以不適合以水草為主題的水族箱。

鑽石燈

DATA

原 產 地	委內瑞拉
全 長	5cm
水 溫	22～27℃
水 質	弱酸性至中性

整體呈銀色的體色，各處有像鑽石一般閃亮的鱗片，非常漂亮。特徵是雄魚的各鰭都伸展得很長。草食的傾向有點強，所以也有攝食水草的情形。

火焰燈

DATA

原 產 地	亞馬遜河
全 長	3～4cm
水 溫	22～27℃
水 質	弱酸性至中性

這是在稍呈渾圓的身體上帶有淡橘色的脂鯉。狀態良好的話會全身發紅，特別是背鰭、尾鰭會呈深紅色；但是在飼養水族箱裡不太容易發色得很漂亮。

黑旗

DATA	
原產地	巴西
全 長	5cm
水 溫	22～27℃
水 質	弱酸性至中性

特徵是在具有透明感的體色上有著黑色的鰭與黑色斑點。雌魚的鰭較短，腹鰭帶有紅色，很容易區別。成群飼養的話，可以看見到雄魚間有張開鰭的動作。

紅衣夢幻旗

DATA	
原產地	秘魯・哥倫比亞
全 長	4cm
水 溫	22～27℃
水 質	弱酸性至中性

這是有著具透明感的紅色身體的美麗燈魚。隨著產地或繁殖地的不同，體色也有差異，其中鮮紅色的所謂「rubra」的野生種很受歡迎，價格也比較高。體型較黑旗略小一些。

火兔燈

DATA	
原產地	亞馬遜河
全 長	4cm
水 溫	22～27℃
水 質	弱酸性至中性

身體有透明感，背側為綠色，腹側呈紅色的美麗小型脂鯉。隨著繁殖地而色調略有不同。雖然強健且容易飼養，但是要讓魚鰭發出漂亮的紅色並不容易。

白化黑燈管

DATA	
原產地	巴西 改良種
全 長	4cm
水 溫	22～27℃
水 質	弱酸性至中性

黑燈管的白化種。清澈的透明身軀非常漂亮。與日光燈的白變種——黃金日光燈不同，有著白化種特有的紅色眼睛。飼養方法與普通的日光燈相同。

企鵝燈

DATA

原產地	亞馬遜河
全　長	5cm
水　溫	22～27℃
水　質	弱酸性至中性

頭部朝上、斜向游泳的姿態，以及身體鮮明的粗黑線條讓牠有了這個名稱。成長以後性格會有點粗暴，也會爭地盤，所以放養數量要少一點比較好。

紅尾夢幻旗

DATA

原產地	哥倫比亞
全　長	7～8cm
水　溫	22～27℃
水　質	弱酸性至中性

近年來開始有進口，是比較大型的燈魚。與極小型的燈魚還是不要在一起混養為宜。在充滿銀色金屬光澤的身體上，紅色的尾鰭顯得單純而美麗。

銀燕子（銀石斧）

DATA

原產地	亞馬遜河·圭亞那
全　長	5～6cm
水　溫	22～27℃
水　質	弱酸性至中性

英文名稱為 Silver Hatchet，「Hatchet」意指斧頭，因其體型而得此名。會在水面附近游泳，所以與其他脂鯉科的魚混養時，會讓水族箱顯得熱鬧滾滾，值得推薦。要蓋上蓋子以免跳缸。

黃日光燈

DATA

原產地	亞馬遜河
全　長	3～4cm
水　溫	22～27℃
水　質	弱酸性至中性

身體呈淡黃褐色，背鰭、尾鰭、腹鰭的末端呈白色為其特徵。因為鰭的模樣所以也被稱為 Silver Tip Tetra。沒有脂鰭。也可以混養，是容易飼養的種類。

玻璃彩旗

DATA	
原產地	亞馬遜河
全　長	4cm
水　溫	22～27℃
水　質	弱酸性至中性

樣貌獨特，背鰭與臀鰭有黃、黑兩色，尾鰭則呈紅色。為普及的種類，容易飼養。個性也溫馴，所以最適合混養水族箱。行動敏捷、善於游泳，會讓水族箱看起來很熱鬧。

藍國王燈

DATA	
原產地	亞馬遜河
全　長	5cm
水　溫	22～27℃
水　質	弱酸性至中性

在藍色的體色上有著粗線的類型。雌魚的體色比較樸素，腹鰭呈橘紅色，可以簡單地區別。性格比較粗暴，同伴之間會有打架的情形，要注意。

帝王燈

DATA	
原產地	哥倫比亞
全　長	5cm
水　溫	22～27℃
水　質	弱酸性至中性

狀態越是良好，身體腹側的粗線就越是鮮明。尾鰭的上下緣及中心處比較長。水溫稍低會比較容易飼養。由於會爭地盤，所以養少一點為宜。

霓虹綠鉛筆

DATA	
原產地	亞馬遜河
全　長	5cm
水　溫	22～27℃
水　質	弱酸性至中性

也叫綠鉛筆，是鉛筆魚的成員。草食性強，也會吃絲狀的青苔，不過如果飼料充足的話就不會吃青苔。因為還不太普及，所以價格稍高。

日光燈成員
的飼養法

強健而容易飼養，也很推薦給初學者！
讓複數的種類一起混泳也很美。

日光燈是
小型脂鯉的成員

以日光燈、紅蓮燈為首的小型燈魚，是在熱帶魚中被分類為「脂鯉」的成員。

由於種類很多且色彩豐富，體質強健且容易飼養，同時價錢也很便宜，所以也是非常推薦給初學者的魚。

●也是最適合混養的種類

日光燈的成員都是群游起來會更漂亮的魚。由於大多為小型且溫馴的種類，所以也建議可以與其他種類混養。

小型脂鯉間的混養，或是與孔雀魚、滿魚、茉莉等鱂魚成員，以及與波魚或白雲山等鯉科成員之間的混養也都很好。

神仙魚在體型還小的時候，也可以與小型脂鯉混養。

群游起來非常漂亮，就算只有日光燈也是樂趣十足。60cm的水族箱放50～100尾左右也沒問題。

水族箱裝設的範例

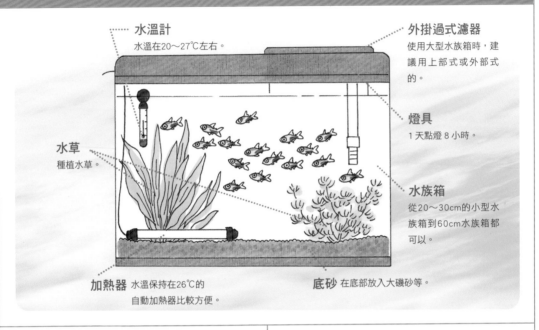

水溫計
水溫在20～27℃左右。

外掛過式濾器
使用大型水族箱時,建議用上部式或外部式的。

燈具
1 天點燈 8 小時。

水草
種植水草。

水族箱
從20～30cm的小型水族箱到60cm水族箱都可以。

加熱器 水溫保持在26℃的自動加熱器比較方便。

底砂 在底部放入大磯砂等。

水族箱與過濾器

請依據魚的數量來決定水族箱的大小。日光燈的話,20cm 水族箱約 10 尾左右,30cm 水族箱約 20 尾左右為宜。混養時也要以這個數量為基準。

過濾器的話,任何一種類型都可以使用,但是外掛式、上部式的維護起來較容易,比較推薦。

水族箱裡的環境

小型脂鯉的原產地是在南美的亞馬遜河等地。因此水溫要保持在 20 ～ 27℃,水質則要保持在弱酸性到中性。

底砂的話,選擇大磯砂之類任何一種都沒關係。為了襯托小型魚,放入幾種會向上生長的水草也不錯。

飼料與照顧

飼料請給予小型熱帶魚用的配合飼料。一天 1～2 次,給予馬上可以吃完的量。活餌並非必要,但是要給也沒關係。

每月 1～2 次進行部分換水(P57),讓水質經常保持乾淨。

顆粒很小的小型熱帶魚用飼料。

日光燈用飼料。

日光燈的繁殖

日光燈的繁殖適合中級者。
若是已經熟悉飼養的話，不妨挑戰看看吧！

產卵用的作水與
水溫調整是重點

雖然是非常普及、飼養也很簡單的日光燈，要讓牠繁殖還是得要花一些工夫。習慣飼養了以後請務必嘗試看看。

為了繁殖，請準備日光燈的雄魚、雌魚各1尾，或雄魚2尾與雌魚1尾。先讓種魚體驗一下低水溫，可以促進產卵。水要使用泥炭苔等將水質調整成弱酸性。讓牠們在泥炭苔上產卵，也可以防止稚魚被種魚吃掉。

雄魚

雄魚體型較小而修長，色澤與雌魚沒有什麼差別。

雌魚

雌魚體型較大，抱卵時腹部會更大。

日光燈的繁殖步驟

① 變化水溫

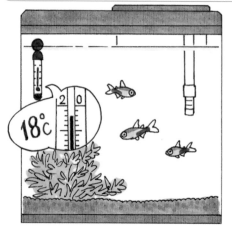

以降低水溫來促進繁殖行動。

●降低水溫

降低要繁殖的種魚的水溫。到了 15～18℃左右時，以此溫度飼養1星期。

●提高水溫

接著提高水溫到約24℃。因為先將水溫下降了一陣子，接下來會比較容易繁殖。提高水溫以後，飼料要多餵一點，就這樣飼養到雌魚的腹部大起來為止。

不過，急遽的水溫變化是引發白點病的原因。在升高或降低水溫的時候，要花3小時左右慢慢地對水，使其逐漸習慣。

② 準備產卵水族箱

準備寬度 20～30cm 的水族箱作為產卵用水族箱，水族箱周圍貼上黑紙等使之變暗。

水深稍微淺一點，約 10～15cm。其中放入泥炭苔或棕櫚皮等做成弱酸性的水。

市面上有販售作為園藝用品或小鳥巢材的泥炭苔或棕櫚皮。買來後要先以熱水消毒過後再使用。

準備產卵水族箱用的弱酸性的水。將泥炭苔放入數日備用。

也可以利用寶特瓶來作水。用來換水也很方便。

③ 放入種魚

等雌魚的腹部變大、產卵的準備就緒以後，就將雄魚放入產卵水族箱中（水溫為 24℃），次日再放入雌魚。水族箱要微微打氣，待雄魚開始對雌魚追尾時，1～2 天內就會產卵了。

換水用的預備用水要先以寶特瓶裝好。準備好後用紙將水族箱圍起來，使之變暗，等待產卵。

將種魚放入產卵用水族箱。底部放入作為產卵床用的棕櫚皮。周圍貼上黑紙使其變暗。

不產卵時該怎麼辦？

有時會出現雄魚和雌魚合不來的情況，若是雌魚不產卵的時候不妨換隻雄魚看看。有時將水換掉 3 分之 1 也會產卵。

● 產卵床的變化

使用玻璃珠。

使用泥炭苔。

④ 產卵與孵化

產卵以後，確認雌魚的腹部已經變平後再將種魚取出。水族箱保持在黑暗的狀態，等待卵的孵化。

卵約 1 天就會孵化，變成稚魚游出來。剛開始的 1～2 天可以不用餵食，從第 3 天起要則要給予纖毛蟲。

孵化 1 星期以後，就要將稚魚的飼料換成豐年蝦（P76）。

● 稚魚的餌料（纖毛蟲）

在塑膠盒裡加水，再放入高麗菜的葉片，放置2～3天後就會產生乳白色的纖毛蟲（草履蟲等微生物）。以滴管吸起餵食稚魚。

成為水族高手的捷徑！

稚魚的餌料
豐年蝦的育成法

在繁殖熱帶魚的時候，要準備豐年蝦做為稚魚的餌料。
由於孵化 1～2 天後就需要餵食，所以必須事先準備。

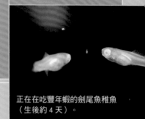

正在在吃豐年蝦的劍尾魚稚魚
（生後約 4 天）。

1

準備有蓋的瓶子。在自來水中放入天然鹽，做成 3% 的鹽水。

2

放入豐年蝦的乾燥卵。

3

在蓋子上開 2 個孔，插入空氣管。一條接上打氣幫浦，將氧氣送入水中；另一條不接上任何東西，做為透氣用。

沒辦法在
蓋子上開孔時

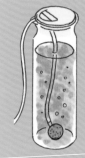

使用裝麥茶的容器（冷水壺）也可以。

4

水溫在 25℃ 時放置約 24 小時，水溫在 20℃ 時放置約 48 小時，豐年蝦就會孵化。

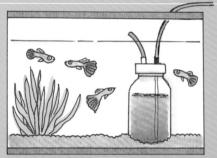

將瓶子整個放入水族箱裡，較容易保持溫度。

5

切除保特瓶的上半部。開口要切割成可以放入濾茶器的大小，放上濾茶器。

6

將另一個保特瓶的底部切除，蓋上瓶蓋後穿洞，裝上空氣管用開關，然後倒立，將 **4** 放入。

7

等待上層的卵殼浮起，底部沉積孵化後的豐年蝦。紅色的東西沉積後，打開開關，使其流入 **5** 的濾茶器中。

8

從濾茶器的底部淋水，將豐年蝦沖入塑膠盒。

9

鹽分去除後，可以做為稚魚餌料使用的豐年蝦。

10

將豐年蝦一天分數次投入稚魚的水族箱餵食。事先放入裝有噴嘴的瓶子，以便可以一點一點地擠出使用。

11

也可以多孵化一些，分成一次一包的小包裝冷凍起來，解凍後投餵，或是直接以冷凍狀態投入水族箱也可以。

鱂魚的成員

孔雀魚的成員

外國產孔雀魚雖然便宜，但是確實對水的作業非常重要。

●日本產孔雀魚與外國產孔雀魚

色彩鮮艷、隨著花紋和魚鰭形狀的變化而有各種種類的孔雀魚。

魚鰭和體色具有美麗特徵的是雄魚，雌魚的姿態則比較樸素。

價格便宜的外國產孔雀魚主要來自新加坡。而在此要介紹的是強健且容易飼養、有各個品種可以賞玩的日本產孔雀魚。

DATA	
原產地	改良品種
全　長	5cm
水　溫	20～27℃
水　質	中性至弱鹼性

德系黃尾禮服

身軀的後半部為黑色，看起來好像穿著禮服一樣而有此名。魚鰭為淡黃色。

德系黃尾禮服緞帶

為腹鰭像緞帶一般伸長的類型。緞帶型的繁殖略為困難。

藍草尾

背鰭與尾鰭呈藍色並且有著黑色小斑點。

莫斯科藍

整體染上深藍色的美麗品種。

色彩斑爛的孔雀魚，是超時代的熱門種。孔雀魚、滿魚、茉莉等都是鱂魚的成員。
可以享受混養、繁殖等的各種樂趣。

銀藍草尾

鰭顯現藍草尾的特徵，不過身軀及鰭都帶有銀色。

日本藍

身軀呈現金屬藍的光澤。

蛇王

有如眼鏡王蛇般的花紋從身體到尾鰭佈滿了全身。

R.R.E.A. 黃玉

R.R.E.A.（真紅眼白子）為熱門的改良品種。呈現有如珍珠光澤般的體色。

R.R.E.A. 蛇王燕尾

蛇王的 R.R.E.A. 型。同時，也是尾鰭具有燕尾型的種類。

R.R.E.A. 超紅

具有美麗紅色的超紅 R.R.E.A. 類型。身體的紅色與眼珠的顏色非常漂亮。

滿魚的成員

色彩大多鮮艷而多樣，是頗具存在感的品種。可以混養，
也可以自然地繁殖，所以即便是初學者也能充分享受其中的樂趣。

DATA	
原產地	墨西哥、瓜地馬拉
全　長	5〜6cm
水　溫	22〜27℃
水　質	弱酸性至弱鹼性

紅太陽

最為普遍、全身赤紅的滿魚。體型渾圓可愛，雖然不大卻很
有存在感。

金米老鼠魚

尾根部的黑色斑點看起來就像米老鼠的臉一樣。另外也有紅
色的類型。

白米老鼠魚

在白色具有透明感的身軀上，有著漂亮的米老鼠花紋的滿魚。

大帆禮服滿魚

背鰭大大伸展的大帆型。體表帶有黑色的禮服花紋。

劍尾魚的成員

　　雄魚的尾鰭下部好像劍一般地伸長出去。劍尾魚的脾氣有點暴躁，所以不適合與溫馴的種類混養。

DATA	
原產地	墨西哥、瓜地馬拉
全　長	8～10cm
水　溫	22～27℃
水　質	中性至弱鹼性

紅劍

全身為鮮紅的顏色，尾鰭下緣帶有黑色為其特徵。

黑鰭紅劍

雌魚

雄魚

只有鰭的末端等身體邊緣呈黑色的黑鰭型劍尾魚。

紅眼紅白劍

雌魚

雄魚

身體前後清楚區分為紅白花紋的劍尾魚。可以長到約 10cm 左右。

茉莉的成員

茉莉的成員體型稍大，可愛又具有存在感。
是會吃青苔的人氣熱帶魚。

黑茉莉

DATA	
原產地	墨西哥
全　長	5cm
水　溫	22～27℃
水　質	中性至弱鹼性

全身漆黑，背鰭邊緣帶有黃色，頗具存在感的茉莉。雌魚的體型比雄魚大。有尾鰭伸長的琴尾型等各種類型的茉莉。

大理石氣球茉莉

DATA	
原產地	泰國（改良品種）
全　長	5cm
水　溫	22～27℃
水　質	中性至弱鹼性

體型圓滾滾的氣球型。由黑氣球茉莉與大帆茉莉所做成的品種。特徵是有著白、黑等多種色調混合而成的大理石花紋的體色。

橘氣球茉莉

DATA	
原產地	泰國（改良品種）
全　長	5cm
水　溫	22～27℃
水　質	中性至弱鹼性

帶紅的橘色非常漂亮的氣球茉莉。茉莉的草食性很強，所以也會吃掉水族箱裡的青苔。屬體型渾圓的魚，不擅游泳，所以要注意水流不可太強。

巧克力氣球茉莉

DATA	
原產地	東南亞(改良品種)
全　長	5cm
水　溫	22～27℃
水　質	中性至弱鹼性

在氣球茉莉中，屬於新型的色彩變種，頗受歡迎的巧克力茉莉。右邊鰭比較大的是雄魚，左邊肚子鼓脹的是雌魚。

大麥町大帆茉莉

DATA

原產地	改良品種
全　長	5～8cm
水　溫	22～27℃
水　質	中性至弱鹼性

雄魚的背鰭像大大的船帆一般展開的大帆型茉莉。在改良品種中，也有充滿白色金屬光澤的白金型，以及橘色的黃金型。

金黃琴尾茉莉

DATA

原產地	改良品種
全　長	5～8cm
水　溫	22～27℃
水　質	中性至弱鹼性

從身體到鰭呈鮮橘色的茉莉。尾鰭的上下端伸長成琴尾狀的改良品種。

其他的鱂魚成員

藍眼燈

DATA

原產地	西非
全　長	3
水　溫	23～27℃
水　質	中性至弱鹼性

眼睛的上方部分閃耀著藍色光澤，因而得此名。由於是容易飼養且溫馴的品種，建議可以加入魚群中混養。

西里伯斯青鱂

雄魚

DATA

原產地	蘇拉維西島
全　長	4～5cm
水　溫	22～27℃
水　質	弱酸性至中性

印尼蘇拉維西島（以前的西里伯斯島）原產的青鱂魚。與日本產的鱂魚相似，但是體色透明、體型較大。

雌魚

女王燈

DATA

原產地	東南亞
全　長	3cm
水　溫	22～27℃
水　質	弱酸性至中性

棲息於馬來半島、印尼的河川或水路、河口至半淡鹹水域一帶。與日本產的鱂魚相似。性格溫馴，適於成群飼養。上圖為雄魚。

鱂魚成員的飼養法

小型而美麗的鱂魚成員，
是初學者也可以安心飼養的推薦品種。
繁殖也很簡單，所以也可以享受
增添稚魚的樂趣。

卵胎生鱂魚與卵生鱂魚有什麼地方不同 ？

鱂魚的種類可大略分為卵胎生與卵生等兩種類型。孔雀魚、茉莉、滿魚和劍尾魚等都屬於卵胎生鱂魚。

卵胎生鱂魚的特徵是會在體內將卵孵化，產下稚魚；卵生鱂魚則是直接生出卵。

孔雀魚

孔雀魚只有雄魚的顏色與花紋會比較漂亮，雌魚則以外表樸素的居多。以觀賞用而言，僅放入雄魚來飼養也是很漂亮的。價格比較低廉的外國產孔雀魚，也有只收集雄魚來販賣的情況。

當然，如果想要加以繁殖，就要將雌、雄雙方一起飼養。成對飼養，待其產下稚魚後，只留下比較漂亮的孔雀魚也是一種賞玩方式。

日本產孔雀魚強健且容易飼養。

茉莉・滿魚・劍尾魚

茉莉、滿魚等，建議以成對為單位放養於水族箱。因為有各種色調，所以要考慮水族箱的調和來挑選。

其他的鱂魚

藍眼燈、西里伯斯青鱂、女王燈等為卵生鱂魚的成員。乍看之下好像很樸素，但是群泳起來則是相當漂亮的魚兒。

小型魚成群飼養會比較穩定，所以要盡可能養多一點，10尾以上為宜。

孔雀魚的繁殖是一大樂趣。

鱂魚成員的水族箱裝設

水溫計
22～28℃。

過濾器
小型水族箱以外掛式過濾器比較方便。大型水族箱的話建議用上部式或外部式。繁殖時，要在吸入口裝上海綿。

水草
要種植水草使稚魚得以躲藏。建議可用翡翠莫絲或大葉水芹等。

燈具
1天點燈8小時。

水族箱
從30cm左右的小型水族箱到60cm水族箱都OK。

加熱器
自動加熱器比較方便。

底砂
在底部放入砂礫。

水族箱與過濾器

飼養1對孔雀魚的話，用小型水族箱就足夠了。混養時，30cm水族箱約10尾左右，45cm水族箱約20尾左右為基準。劍尾魚、大帆茉莉以45cm以上水族箱為理想。

過濾器的話，可以使用外掛式、上部式等，考慮到稚魚生下來以後的情況，在吸入左右口裝上海綿為宜。

水族箱裡的環境

水溫以加熱器保持在22～28℃。孔雀魚、茉莉等雖然喜好中性到弱鹼性的水，不過牠們的適應性很強，所以不必太過神經質。鰭比較長的孔雀魚等要避免與會咬鰭的魚混養。

飼料與照顧

給予小型熱帶魚用的配合飼料，以便小魚也能食用。一天1～2次，要給馬上可以吃完的量。茉莉多少也會吃青苔，但是如果有給予配合飼料的話，或許就不會將青苔吃得一乾二淨了。

換水每月1～2次，每次更換3分之1，以保持水質。

浮水型的小型熱帶魚用飼料。

孔雀魚專用飼料。

卵胎生鱂魚的繁殖

卵胎生鱂魚是繁殖簡單、
稚魚也容易培育的種類。
守護稚魚不被雙親吃掉就是成功的關鍵！

使用產卵箱的
孔雀魚繁殖

　　卵胎生鱂魚的孔雀魚，是在雌魚的體內將卵
孵化成稚魚後生產的。只要將雄魚、雌魚一起飼
養，自然就會產下稚魚，但若不加保護的話，稚
魚就會被雙親吃掉。

　　如果想培育稚魚，就要在水族箱裡裝上產卵
箱，把即將產卵的雌魚放入。若是腹部變得很大、
隱約可見稚魚的黑色眼睛時，就是快生產了，所
以只要好好觀察就可以了解。

　　等稚魚在產卵箱出生以後，就將雌魚從產卵
箱裡撈出來。

雄魚

背鰭、尾鰭等較
大，品種的花紋或
色彩的特徵比較
突出。臀鰭附近有
名 為 Gonopodium
（交接器）的生殖
器官。

雌魚

體型較大，鰭較
小，色彩等特徵
不太明顯。

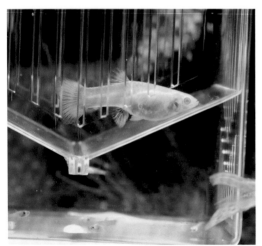

產卵箱可以保持與水族箱相同的環境。可以培育稚魚，避免被雙親
或其他的魚吃掉。

●培育稚魚

　　孔雀魚的稚魚在體長達到 2cm 左右時就
可以與雙親放在一起，不過在這之前，稚魚要
分開培育。準備稚魚用的水族箱較為理想。餌
料要給予豐年蝦（P76）或稚魚用的配合飼料。

●如果想要正式繁殖的話

　　如果想要有計畫性地繁殖孔雀魚，要準備
數個小型水族箱。裝設好稚魚水族箱，在生後
1 個月將雄魚和雌魚的水族箱分開管理。雖然
生後 2 個月就可以繁殖，不過還是等 3 個月以
後比較好。

茉莉、滿魚和劍尾魚的繁殖

茉莉、滿魚和劍尾魚只要成對飼養就會自然繁殖。不知不覺間發現有稚魚在游泳也是常有的事。

這些品種的稚魚也比較大，可以隱藏在水草中等，避開其他的魚而長大。為了培育稚魚，事先放入水草作為隱藏的場所也很好。

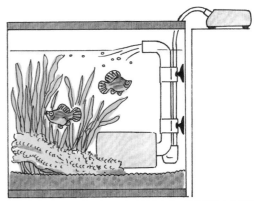

飼養水族箱使用海綿過濾器，事先放入水草，就能讓稚魚自然長大。

●過濾器上要裝置海綿

過濾器的吸入口會有稚魚跑進去，所以建議要使用海綿過濾器或底部過濾器。使用外掛式過濾器或上部式過濾器時，要在吸入口裝上海綿為宜。

●培育稚魚

茉莉、滿魚等的稚魚，就這樣與雙親放在同一個水族箱自然培育也不會有問題。

由於一開始的體型就比較大，所以也可以和雙親吃同樣的飼料。當然給予稚魚用的配合飼料也是 OK 的。

茉莉

雄魚
不管是哪一種，雄魚的背鰭和尾鰭都會比較大。

雌魚
魚鰭較小，體型較大且圓滾滾的。

生後第3天的滿魚。

劍尾魚

雄魚
尾鰭的形狀會顯示出品種的特徵。

雌魚
普通的圓邊尾鰭。

生後3星期的劍尾魚。

鯉魚・鯰魚 的成員

鯉魚的成員

波魚等能使水景變得更美麗的熱帶魚，
是強健而容易飼養的品種。

正三角燈

DATA

原產地	泰國・馬來西亞・印尼
全　長	3～4cm
水　溫	22～27℃
水　質	弱酸性

波魚屬的代表性魚種。特徵是在淡橘色的身體上帶有三角形的深色圖案。容易適應水質，體質強健且價格便宜，初學者也很容易飼養。

小三角燈

DATA

原產地	印尼
全　長	3cm
水　溫	22～27℃
水　質	弱酸性

與正三角燈類似，不過體型稍小，也帶有細長的三角形圖案。由於身體具有透明感，所以圖案更顯得突出。飼養方法差不多，但體質比正三角燈稍弱一點。

金三角燈

DATA

原產地	泰國・馬來西亞・印尼
全　長	3cm
水　溫	22～27℃
水　質	弱酸性至中性

體高比正三角燈稍低，給人修長印象的波魚。也是容易適應水質、飼養簡易的品種。以弱酸性來飼養的話，體表的橘紅色會更顯得突出而美麗。

斑馬魚

DATA

原產地	印度東部、孟加拉
全　長	4～5cm
水　溫	22～27℃
水　質	弱酸性至中性

也是鯉魚成員中最普及的熱帶魚之一。從身體到尾鰭帶有筆直的條紋，呈現獨特的斑馬花紋，頗為美麗。會在水族箱中迅速游動，讓水族箱更顯活潑。建議可以成群放養。

鯉魚‧鯰魚的成員以棲息於東南亞為主的種類居多，
日本的金魚和鯉魚也是此類的魚。大多是小型且容易飼養的種類。

白雲山

DATA

原 產 地	中國
全　　長	4～5cm
水　　溫	20～27℃
水　　質	弱酸性至中性

低水溫也能適應，甚至號稱是「用杯子也可以飼養的熱帶魚」，是很強健的品種。如其日文名稱「赤鰭」所示，以紅色的尾鰭為特徵。與其他種類混養也 OK，可以有各種賞玩方式。

白化黃金白雲山

DATA

原 產 地	中國
全　　長	4～5cm
水　　溫	20～27℃
水　　質	弱酸性至中性

眼睛為紅色，鰭也是紅色，體色則呈金黃色，為黃金白雲山的白化種。大多在水面附近游泳，脾氣略微粗暴，最好避免與其他的品種混養為宜。

金條鯽

DATA

原 產 地	馬來西亞(改良品種)
全　　長	4cm
水　　溫	22～27℃
水　　質	弱酸性至中性

在看起來像金色的鮮黃底色上，帶有黑色花紋的無鬚魞屬的成員。非常強健而容易飼養，從以前起就是很普及的魚。據說是以條紋二鬚魞為原種所做的改良種，不存在於自然界中。

櫻桃燈

DATA

原 產 地	斯里蘭卡
全　　長	3～4cm
水　　溫	22～27℃
水　　質	弱酸性

全身赤紅的小型熱帶魚，野生的個體也有帶藍色或紫色的。比起雌魚，雄魚的顏色更為鮮艷。性格溫馴，混養也沒有問題，容易飼養。

四間鯽

DATA

原產地	蘇門答臘、婆羅洲
全　長	5～6cm
水　溫	20～27℃
水　質	弱酸性至中性

在帶有橘色的體色上，鑲有深綠色的帶狀條紋，是頗具存在感的魚種。脾氣稍嫌粗暴，有咬其他魚的長鰭的傾向，不適合與孔雀魚、神仙魚一起混養。

白化四間鯽

DATA

原產地	蘇門答臘、婆羅洲
全　長	5～6cm
水　溫	20～27℃
水　質	弱酸性至中性

四間鯽的綠色素消失的白化種，橘色與白色相間的模樣相當漂亮，感覺與四間鯽完全不一樣。性格與四間鯽相同，體質也一樣強健而容易飼養。

綠四間鯽

DATA

原產地	蘇門答臘、婆羅洲
全　長	5～6cm
水　溫	20～27℃
水　質	弱酸性至中性

幾乎整個身軀一直到背鰭全部為接近藍色的綠色所覆蓋的改良品種。狀態良好時，發色為美麗的深綠色。由於四間鯽也會吃水草，所以要避免種植柔嫩的水草。

黑線飛狐

DATA

原產地	泰國、馬來西亞
全　長	13cm
水　溫	22～27℃
水　質	弱酸性至中性

身體呈細長流線型，特徵是中央有一條粗黑的縱帶。有舔食的習性，會清除附著在流木或水草上的青苔，很受到歡迎。性格溫馴，可以和小型魚混養。

皇冠沙鰍

DATA

原 產 地	印尼
全　　長	10～15cm
水　　溫	22～27℃
水　　質	弱酸性至中性

在橘色的身體上帶有黑色斑紋的泥鰍成員。在東南亞有人工養殖。野生的話會長到30cm左右，但是在飼養情況下不會長得太大。

庫勒潘鰍

DATA

原 產 地	東南亞
全　　長	8cm
水　　溫	22～27℃
水　　質	弱酸性至中性

以黑色與橘色的配色為人所熟知的熱帶泥鰍的成員。在花紋上會有個體差異。由於棲息於底部，所以要給予沉底型的飼料。

鯰魚的成員

以可愛的模樣與動作而為人所喜好的鼠魚就是鯰魚的成員。另外也有許多可愛的魚種。

小精靈

DATA

原 產 地	亞馬遜河
全　　長	5cm
水　　溫	22～27℃
水　　質	弱酸性至中性

為鯰魚的成員中最為普及的品種，價格也很便宜。扁平的身軀會貼在玻璃面或水草上，幫忙吃掉青苔，是清除青苔的好幫手，頗受歡迎。

玻璃貓

DATA

原 產 地	印尼、馬來半島、泰國
全　　長	8cm
水　　溫	22～27℃
水　　質	弱酸性至中性

身體透明，可以透視骨骼的小型鯰魚。溫馴而可以混養。飼養雖然並不困難，但只要水質不良體色就會變濁。

紅眼大鬍子異型

DATA

原 產 地	亞馬遜河
全　　長	10cm
水　　溫	22～27℃
水　　質	弱酸性至中性

大鬍子異型的白化種。大鬍子異型以雄魚臉上凹凸不平的雜亂鬍鬚為特徵。很會吃青苔和藻類。

咖啡鼠

DATA

原產地	亞馬遜河
全　長	7cm
水　溫	22～27℃
水　質	弱酸性至中性

為鼠魚中最主要的品種，是吃底部飼料的清道夫。在東南亞有人工養殖，可以便宜地取得。強健而容易飼養，環境完善的話，也可以享受繁殖的樂趣。

白鼠

DATA

原產地	亞馬遜河
全　長	7cm
水　溫	22～27℃
水　質	弱酸性至中性

為咖啡鼠的白化種，一般稱為「白鼠」。因色素消失而白化，全身為白色、紅眼。為在東南亞大量養殖的普及型鼠魚。

金翅珍珠鼠

DATA

原產地	巴西
全　長	5～6cm
水　溫	22～27℃
水　質	弱酸性至中性

體型渾圓，從身體到鰭全身帶有黑褐色與白色的網狀花紋為其特徵。頭部有金色的斑點，胸鰭帶有橘紅色，是鼠魚中頗受歡迎的品種。

白化金翅珍珠鼠

DATA

原產地	巴西
全　長	5～6cm
水　溫	22～27℃
水　質	弱酸性至中性

近年來出現的金翅珍珠鼠的白化種。具有透明感的美麗色調，頗受歡迎。強健而容易飼養，與其他品種混養也 OK。

熊貓鼠

DATA	
原產地	秘魯
全　長	5cm
水　溫	22～27℃
水　質	弱酸性至中性

身體為白色，臉部、背鰭、尾柄則帶有部分黑色，所以命名為熊貓鼠。有在東南亞養殖與當地採集的個體，對於水質稍有敏感的一面。

紅頭鼠

DATA	
原產地	巴西
全　長	4cm
水　溫	22～27℃
水　質	弱酸性至中性

體色為明亮的奶油色，肩部帶有橘紅色，背部與背鰭、臉部則帶有黑色。喜好弱酸性水質，在偏弱酸性的水質中飼養的話，不僅體況較佳，發色也會比較鮮艷。

茉莉豹鼠

DATA	
原產地	秘魯
全　長	5cm
水　溫	22～27℃
水　質	弱酸性至中性

頭部有花斑模樣，身軀有條紋模樣的鼠魚。與三線豹鼠非常相似，所以大多被混在一起飼養與販賣。

精靈鼠

DATA	
原產地	巴西
全　長	2cm
水　溫	22～27℃
水　質	弱酸性至中性

長大以後也只有 2cm 的小型鼠魚，所以也被叫做侏儒鼠。與其和多種一起混養，還不如 10 尾以上成群地飼養。適應水族箱以後就很強健而容易飼養。

鯉魚‧鯰魚
成員的飼養法

小型而可愛的鯉魚成員
與個性十足的鯰魚成員。
可以混養，或是只飼養
單一品種也不錯。

強健而容易飼養的
鯉魚‧鯰魚成員

　　鯉魚的成員大多為強健且即使是初學者也很容易飼養的種類。小型魚同類也可以混養，但是要注意四間鯽等一部分脾氣比較粗暴的魚。

　　鯰魚的成員多為棲息於水底者，可以扮演清道夫的角色，吃掉底部的餌料等。鼠魚為鯰魚的代表性魚種，通常在混養水族箱中擔任配角，很受歡迎。種類豐富，單以鼠魚複數飼養的人似乎也很多。

鼠魚能扮演吃掉底部餌料的清道夫角色。

鼠魚的繁殖

　　鼠魚以複數飼養的話，有時就會自然配對而繁殖。

　　想要讓牠們繁殖時，要先將水溫下降一段時間。如果配對成功的話，會像追尾一般地游在一起，在玻璃面上產卵。可將產卵箱裝於同一水族箱上，把卵移到裡面，以防止被雙親吃掉。

　　稚魚出生以後，就要移到別的水族箱，給予豐年蝦（P76）來培育。

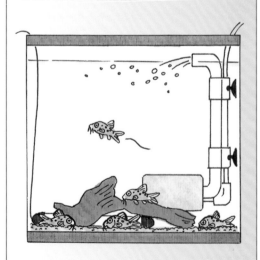

鯉魚・鯰魚成員的水族箱裝設

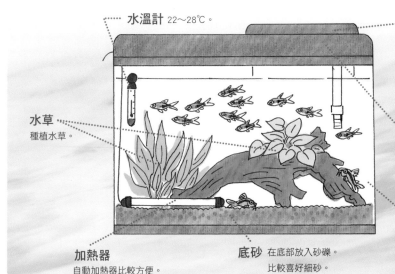

水溫計 22～28℃。

過濾器
小型水族箱以外掛式過濾器比較方便。大型水族箱建議使用上部式。如果要做出湧泉的話就使用外部式。

燈具
1 天點燈 10 小時。

水草
種植水草。

水族箱
從30cm左右的小型水族箱到60cm水族箱都OK。

加熱器
自動加熱器比較方便。

底砂 在底部放入砂礫。比較喜好細砂。

水族箱與過濾器

　　如果是小型種的鯉魚和鯰魚，用小型水族箱就夠了。20cm 水族箱的話，合計要在 10 尾以內。過濾器的話，什麼類型都可以使用，可配合水族箱的大小或預算來選擇。

　　如果僅飼養鯰魚的成員或鼠魚的話，使用不是太高的水族箱也可以。

鼠魚水族箱使用砂礫做成湧泉，可以看到牠們在底部玩耍的樣子，非常有趣。

水族箱裡的環境

　　水溫保持在22～28℃，但有的種類對低水溫也可以適應。水質要保持在弱酸性到中性。

飼料與照顧

　　餌料要給予小型熱帶魚用的配合飼料，一天 1～2 次。鯰魚的成員雖然會吃沉落在底部的餌料或青苔等，但是建議還是給予專用的沉性飼料。

　　換水每月 1～2 次，部分更換就可以。

鯉魚的話片狀飼料較方便。　　鼠魚用飼料。　　草食性強的品種宜使用專用飼料。

鬥魚・麗麗魚的成員

鬥魚的成員

因為可以從水面伸出嘴巴來吸取氧氣，所以在溶氧量比較少的小型水族箱也可以飼養。雄魚之間有激烈的爭鬥，所以基本上要單獨飼養。

DATA	
原產地	泰國、柬埔寨（改良品種）
全 長	7〜8cm
水 溫	22〜27℃
水 質	弱酸性至中性

傳統鬥魚

由原種的泰國鬥魚所改良，最為普及的鬥魚。全身火紅的紅鬥魚，越是不混雜其他的顏色，品質越佳。體色另外也有白色、藍色、大理石花紋等等。也有尾鰭大大分叉的所謂雙尾的改良種。在水族箱中以單獨放養為宜。

展示級鬥魚

為了參展而特別繁殖的鬥魚，一般稱為展鬥。各個鰭都很大，觀賞重點在於鰭張開時的美麗，以及顏色的鮮豔程度。體型比傳統鬥魚稍大一點。

雄魚要單獨或雌雄成對飼養。

麗麗魚的成員

麗麗魚身上兩支像鬚一樣的東西是由胸鰭所變化而成的。麗麗魚雖然也可以混養，但是成對飼養以觀察其繁殖行為也很有趣。

珍珠馬甲

DATA	
原產地	馬來半島・印尼
全 長	10cm
水 溫	22～27℃
水 質	弱酸性

從身體到鰭都帶有珍珠狀斑點的麗麗魚。成長以後的雄魚從喉部到腹部會呈現橘紅色，非常美麗。像觸角般的細長胸鰭為麗麗魚成員的特徵。

黃金麗麗

DATA	
原產地	改良品種 (孟加拉)
全 長	4cm
水 溫	22～27℃
水 質	弱酸性

體色呈蜂蜜一般的淡黃色。為草莓麗麗的改良種。養得好、狀態佳時，鰭的末端會呈現紅色，頗為美麗。因為體型小，所以也可以和其他魚一起混養。

電光麗麗

雄魚

雌魚

DATA	
原產地	印度
全 長	6cm
水 溫	22～27℃
水 質	弱酸性

雄魚在橘紅色的底色上帶有藍色的斜線花紋，非常鮮艷；雌魚的體色則為藍銀色，比較樸素。幾乎都是養殖個體，偶爾才有從印度進口的採集個體。可以混養。

紅麗麗

DATA	
原產地	印度、緬甸
全 長	8cm
水 溫	22～27℃
水 質	弱酸性

這是原產於緬甸的厚唇麗麗的改良種，帶有橘色的紅色體色為其特徵。普及而容易取得，對於水質也不挑剔，容易飼養。也可以與其他的小型魚混養。

銀馬甲

DATA

原產地	泰國、越南
全　長	15cm
水　溫	22～27℃
水　質	弱酸性

全身為銀色，閃耀著金屬光澤的漂亮麗麗魚。英文名稱為Moonlight Gourami。由於體型會長大，所以不可與小型魚混養。適合在大型水族箱中觀賞其優雅的泳姿。

一片藍麗麗

DATA

原產地	東南亞(改良品種)
全　長	6cm
水　溫	22～27℃
水　質	弱酸性

這是將帶有藍色與橘紅色的電光麗麗加以改良，產生較多鮮艷藍色的品種。藍色較明顯，金屬光澤非常漂亮。飼養方法與電光麗麗相同，適應水族箱的水以後就很容易飼養。

氣球接吻魚

DATA

原產地	東南亞
全　長	20cm
水　溫	22～27℃
水　質	弱酸性

這是以2尾會相對接吻而有名的麗麗魚，但這其實是一種互相威嚇的行為。性格粗暴而且體型較大，最好不要與小型魚混養。

巧克力飛船

DATA

原產地	馬來西亞、婆羅洲、蘇門答臘
全　長	5cm
水　溫	22～27℃
水　質	弱酸性

在巧克力的底色上有白色條紋，體型較圓而小型。雖然很受歡迎，但是在麗麗魚中的飼養稍難。也有紅色較強的亞種。

鬥魚・麗麗魚
成員的飼養法

被分類為攀鱸科的成員，以東南亞為
分佈中心的鬥魚和麗麗魚。可以混養，
也很推薦單種成對地飼養。

具有特殊呼吸器官的
攀鱸科的成員

鬥魚與麗麗魚的成員棲息於熱帶雨林的河川與池塘、沼澤等地。最大的特徵就是具有稱為 Labyrinth（迷鰓器官）的補助呼吸器官。當水中氧氣不足的時候，可以用口從水面吸入空氣，透過迷鰓器官來呼吸氧氣。因此，即使是小型水族箱或沒有打氣也能夠飼養。不過，為了保持水質，還是要裝過濾器會比較好。如果成對飼養的話，也可以享受繁殖的樂趣。

水族箱裝設的範例

水族箱
請配合飼養種類來挑選。
30～60cm為宜。

過濾器

水溫計　　　燈具

自動加熱器　　　底砂　　　水草

水族箱與飼養環境

麗麗魚也有長到 15cm 以上的種類，所以水族箱要依魚的尺寸選擇稍大一點的。超過 10cm 以上的品種宜使用 45cm 以上的水族箱。過濾器不論哪一種都可以使用，建議配合水族箱以過濾能力高一點的為宜。

水溫為 22 ～ 27℃，水質要保持在弱酸性。

飼料與照顧

餌料要給予熱帶魚配合飼料，一天1～2次。麗麗魚也會吃青苔，而鬥魚則稍有肉食的傾向，最好給予鬥魚專用的飼料。

麗麗魚要給予熱帶魚配合飼料。

鬥魚專用飼料。

神仙魚 的成員

神仙魚

菱形的體型與發亮的鱗片，讓人覺得最像典型熱帶魚的漂亮魚兒。原種是在白晰的體色上有黑色的縱帶，但目前已有各式各樣的改良種。產卵時可以觀察到親魚共同育兒的模樣。

DATA

原產地	亞馬遜河、圭亞那、改良品種
全　長	12～15cm
水　溫	22～27℃
水　質	弱酸性至中性

長吻神仙

為原種的神仙魚之一，也被稱為長鼻神仙，英文名為 Long-nosed Angelfish。特徵是從頭部到口部的距離看起來比較長。

三色神仙·透明鱗

身體有白、黃、黑三色。只有白、黑兩色的稱為大理石。鱗片為透明的透明鱗，所以鰓部會透出粉紅色，身體也有點透明。

鑽石神仙

特徵是體表的鱗片上有細緻的皺紋，會如同鑽石一般地閃閃發亮。這是將鱗片的突變固定而成的改良品種。本種在打光的時候會反射光線，所以特別漂亮，也很受歡迎。

紅目鑽石神仙·透明鱗

為鑽石神仙色素消失後的白化種。身體為具有透明感的白色，顯出白化種特徵的紅眼。白化種很受歡迎，不太容易見得到，不過價格並沒有太大差別。

以南美、非洲為棲息中心的慈鯛科的代表品種。
在慈鯛科成員中為容易飼養的種類，最適合初學者。

紅頂大理石神仙

這是從眼睛上方到背部帶有紅色，故稱為紅頂的品種。以紅色較深，而且廣泛延伸至頭部者為佳。為了使紅色更加鮮艷，宜給予市售的揚色用配合飼料。圖片為大理石紋路上顯示紅頂者。

銀鱗神仙

把原種的體色去除黑色、紅色的類型，就稱為銀神仙、白金神仙。圖片為銀神仙，且鱗片閃閃發亮，顯現出鑽石特徵的漂亮類型。

紗尾金神仙

全身體色呈黃色而頭部更深者稱為金神仙，而頭部變紅的類型則叫做紅頂。圖片為金神仙，各鰭延長的紗尾類型。長鰭的神仙魚請勿和會咬鰭的魚混養。

大理石鑽石神仙

這是白色的鑽石神仙身上帶有大理石模樣的類型。鱗片會像鑽石一般細緻地反光，白色的部分越多越美。

神仙魚
的飼養法

兼具存在感及美感，是最受歡迎的熱帶魚。
也可以享受從小一路拉拔長大的樂趣。

用大一點的水族箱，
混養要小心！

神仙魚從五十元硬幣大小就會開始販售。飼養雖然並不困難，但是初學者還是挑選稍微長大一點的神仙魚為宜。

神仙魚不僅體長長，體高也高，而且鰭也很長，小型水族箱會顯得太窄。放養數量要少一點，儘量養在大一點的水族箱。另外，要避免與會咬鰭的魚一起混養。由於神仙魚會追著日光燈甚至於吃掉牠，所以長大後的神仙魚也不可以和小型魚混養。

水族箱裝設的範例

水族箱
小時候用小型水族箱也OK。
長大後以45～60cm水族箱為宜。

過濾器

水溫計　　燈具

自動加熱器　底砂　　水草

水族箱與飼養環境

因為會長得很大，所以使用寬度45cm以上的水族箱比較理想。過濾器任何一種都可以使用，但如果是大型水族箱的話，要用上部式或外部式的。

水質喜好弱酸性到中性。只要繁殖個體不會神經質的話就OK。水溫以22～28℃為適溫。

飼料與照顧

使用配合飼料，一天1～2次。也非常喜歡吃絲蚯蚓。很會吃餌料，糞便也很多，所以要每月換水1～2次，換掉全部的3分之1到一半的水。

神仙魚用的配合飼料。

神仙魚的繁殖

神仙魚是產卵後雙親會共同育兒，
很特別的魚種。產卵後請不要一直盯著
水族箱，在一旁守護牠們培育下一代吧！

產卵後到孵化為止，
請在一旁守護

　　如果想進行繁殖的話，剛開始要飼養 5、6
尾神仙魚，等待牠們自然配對。如果雄魚、雌魚
會共同行動、做出領域，就將該對移到繁殖用的
水族箱，使其產卵。雌魚在產卵筒上產卵以後，
要點燈整整一天。

　　雙親在產卵以後也會以胸鰭鼓送空氣，或是
以口搬卵等等，一直照顧到孵化為止。

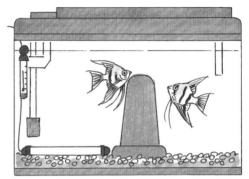

在產卵用水族箱的吸水口裝上海綿，放入產卵筒。也可以放入
亞馬遜劍草等水草來取代產卵筒。

1 雌魚產卵後，雄魚立即放精，使
卵受精。2～3天後就會孵化。

2 請安靜地守護剛孵化的稚
魚。

3 4～6天後開始游泳，每天分2～
3次給予豐年蝦。

4 在雙親周圍游泳的稚魚們。

5 生後約 20～30 天，體型開始變
得像神仙魚了。

6 2 個月就會長到 3cm。給予
配合飼料或絲蚯蚓。

神仙魚的飼養法與繁殖

河豚的成員
與飼養法

以淡水魚的巧克力娃娃與
半淡鹹水魚的金娃娃為代表種。
雖然不適合混養，
但可以在小型水族箱裡飼養。

巧克力娃娃

DATA	
原產地	印度
全　長	2〜3cm
水　溫	22〜27℃
水　質	中性至弱鹼性

只會長到3cm左右，非常小型的淡水河豚。特徵是在黃色的身體上有著黑色斑點。在河豚中雖然算是溫馴，但還是要避免與鰭比較長的種類混養。若是只養數尾巧克力娃娃，如果配對成功的話也可以期待繁殖。

金娃娃

DATA	
原產地	東南亞
全　長	6〜8cm
水　溫	22〜27℃
水　質	弱鹼性

這是在淡綠色上有著黑色圓點的河豚。以泰國為中心，棲息於從河川上游到河口一帶的半淡鹹水域之廣大範圍內。也可以飼養在沒有鹽分的淡水裡，但是要避免水質惡化，並且不可讓水質趨於酸性。會咬水草和其他魚類，所以不宜混養。

巧克力娃娃
可在淡水飼養！

　　巧克力娃娃為淡水魚，所以能夠與其他熱帶魚養在一起。放入水草也OK。

●金娃娃要在弱鹼性水中飼養

　　於金娃娃看到什麼都會去咬，所以只能單種飼養。喜好弱鹼性的水，所以建議以珊瑚砂等偏鹼性的東西來做為底砂。

水族箱與飼養環境

　　水族箱用20〜30cm的小型水族箱也沒問題。過濾器以水流不太強，過濾能力強一點的為宜。

　　巧克力娃娃在20cm的水族箱中可以放入10尾左右。水質與普通熱帶魚一樣為弱酸性。若有種植水草可讓牠穩定下來。

　　金娃娃的話要放入珊瑚砂以及過濾器，水質要保持在弱鹼性。因為是半淡鹹水魚，所以在飼養水中加入鹽也無妨。

水族箱裝設的範例

巧克力娃娃用

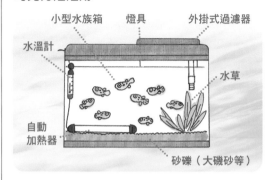

小型水族箱　燈具　外掛式過濾器
水溫計
水草
自動加熱器
砂礫（大磯砂等）

金娃娃用

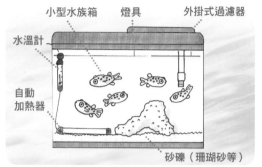

小型水族箱　燈具　外掛式過濾器
水溫計
自動加熱器
砂礫（珊瑚砂等）

飼料與照顧

　　除了配合飼料之外，也要給予南極蝦（乾燥飼料）或冷凍紅蟲、絲蚯蚓等。喜歡新水，所以要每週換水一次，換掉全部的3分之1左右即可。

熱帶魚用配合飼料　　冷凍紅蟲　　絲蚯蚓

來挑戰巧克力娃娃的繁殖吧！

　　金娃娃是半淡鹹水魚，在飼養環境下的繁殖比較困難；而巧克力娃娃的繁殖就比較容易。

　　在水族箱裡放入複數的雌魚和雄魚，自然配對後，雄魚就會追著雌魚跑。

●在水族箱中留下配對，給予肉食性飼料

　　配對成功以後要留在水族箱中，其他的河豚則移到別的水族箱裡，如此便能提高成功率。種魚要給予充分的絲蚯蚓等活餌，然後放入翡翠莫絲等待其產卵。

　　產下來的卵要連同翡翠莫絲移到別的水族箱，或是將卵移到產卵箱中。約5天就會孵化。之後再給予豐年蝦（P76）。

 **雄魚**

 雌魚

發情後體表的橫紋會變得更深。　體表的橫紋較淡且體型較渾圓。

放入複數的河豚等待其配對。做為產卵床的翡翠莫絲要先放好。

蝦子‧貝類的成員

蝦子的成員

一般為紅水晶蝦或大和沼蝦。可以與熱帶魚混養，所以也推薦用來作為清除青苔的角色。

紅水晶蝦

身上有鮮艷紅白色的熱門小型蝦。是將蜜蜂蝦的紅色加強改良而成的。
放入以流木或翡翠莫絲等做成的造景水族箱中，可以讓簡樸的水族箱變得更加亮麗出色。

DATA	
原產地	中國南部、香港
全　長	2～3cm
水　溫	20～27℃
水　質	中性至弱鹼性

SS 級

S 級

A 級

紅水晶蝦的
級別

　　紅水晶蝦是非常受歡迎的品種，由飼養者所從事的繁殖也很興盛。

　　除此之外，讓繁殖本身自然進行，以做出更美麗的個體──這樣的賞玩方法也非常普遍。因此，依據其發色或配色方式，分為 A 級到 SSS 級；而具有理想色調的個體，其價值也會相當地高。

作為水族箱中的吉祥物而越來越受到歡迎的蝦子，以及會幫忙吃掉青苔的貝類。
不僅是作為吉祥物，單以美麗的蝦子為賞玩對象的人也越來越多了。

紅水晶蝦（日之丸）

背部紅色的配色方式看起來就像太陽（日之丸）的類型。
一般以即使長大了，太陽造型仍然清晰保留者為佳。

紅水晶蝦（禁止進入）

背部的紅色就好像交通號誌中的禁止進入一般。由於是
偶然才會出現的花紋，所以稀有價值很高。

只放養紅水晶蝦的小型水族箱。

觀察蝦子吃著青
苔或游動的樣子
也很有趣。

元祖蜜蜂蝦

DATA

原產地	中國南部、香港
全　長	2～3cm
水　溫	20～27℃
水　質	中性至弱鹼性

這是將突變的紅色固定下來成為紅水晶蝦的原種，身上為黑白兩色、色調樸素的小型蝦。也被稱為黑水晶蝦。據說在原產地已經絕滅了，但市面上依然有繁殖個體流通。

蜜蜂蝦

DATA

原產地	中國南部、香港
全　長	2～3cm
水　溫	22～27℃
水　質	中性至弱鹼性

體色呈具有透明感的黑與白的蝦子。自80年代上市以來就是很熱門的品種，目前也有繁殖個體流通。不論是元祖蜜蜂蝦還是蜜蜂蝦，都可以和紅水晶蝦交配。

大和沼蝦

DATA

原產地	日本
全　長	5cm
水　溫	15～27℃
水　質	弱酸性至中性

棲息於日本、東南亞的溪流中，能適應低水溫。特徵是身體透明帶有褐色斑點。草食性強，會吃青苔，所以也推薦在熱帶魚水族箱中混養。

多齒新米蝦（黑殼蝦）

DATA

原產地	日本
全　長	3cm
水　溫	15～27℃
水　質	弱鹼性

最大也只有3cm的小型蝦類。會吃青苔，也可以混養。有些個體在透明的身體上會帶有一點綠色。價格很便宜，但是在店面的流通量比大和沼蝦還少一點。

貝類的成員

貝類會幫忙吃掉玻璃面或水草上的青苔，
是水族箱中不可缺少的吉祥物。

石蜑螺

DATA

原產地	日本、台灣
全　長	3cm
水　溫	15～27℃
水　質	弱酸性至中性

會貼在玻璃面或流木等上面，幫忙吃掉青苔的卷貝。由於並非會一直增殖的貝類，不會在水族箱中增長，所以水草不會被破壞，可以安心飼養。

黃金螺

DATA

原產地	南美
全　長	4～5cm
水　溫	15～27℃
水　質	弱鹼性

鮮艷的黃色很漂亮，被進口作為觀賞用，其實就是黃化的福壽螺。在日本、台灣的水田也可以看到野生化的個體。比起青苔，比較會吃底部的飼料等。

蘋果螺

DATA

原產地	東南亞
全　長	2cm
水　溫	15～27℃
水　質	中性至弱鹼性

鮮艷的朱紅色頗為美麗的小型卷貝。為印度扁卷螺的白化種，正常種的為褐色帶黑。青苔吃得不多，但是因為顏色鮮豔而顯眼，建議可作為水族箱中的吉祥物。

雨絲蜑螺

DATA

原產地	南太平洋
全　長	2cm
水　溫	15～27℃
水　質	中性至弱鹼性

這是以條紋為其特徵的蜑螺科卷貝，棲息於紅樹林等地。也因為其外觀而被稱為斑馬螺。在淡水中無法繁殖。很會吃掉附著在玻璃面或水草上的青苔。

蝦子・貝類
成員的飼養法

與魚類一樣可以飼養的蝦子・貝類成員。
可以作為主角或是清道夫，也很受人歡迎。

熱門的水晶蝦在小型水族箱中飼養也 OK!

蝦子給人的印象大多是可以幫忙吃掉水族箱裡青苔的配角，不過因為其可愛的模樣與顏色之美，受歡迎的程度也正急速上升。僅在小型水族箱中與水草一起放入，就可以完成漂亮的水族箱。

貝類的成員中也出現了色彩與形狀都很美麗的品種。不妨與魚類一起混養，讓牠作為清道夫大大地活躍吧！

水晶蝦的繁殖

繁殖個體的水晶蝦頗為強健，即使是以水族箱的水也能簡易地繁殖。在讓牠繁殖的時候，為了不使稚蝦被魚吃掉，要單獨飼養數尾蝦子。將翡翠莫絲等苔蘚類水草放入，就會自然繁殖。雌蝦腹部抱有卵，會在流木等的蔽蔭下一直抱卵到孵化為止。稚蝦會以青苔等為食而長大。

雌蝦在腹部抱卵。到孵化為止約要抱卵3個星期。
在腹部看起來為褐色的就是卵。

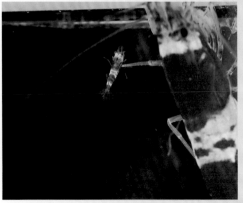

稚蝦（親蝦的左上方）為不到2mm的極小尺寸。
雖然會吃青苔，但是也可以給予搗碎的配合飼料。

蝦子·貝類成員的水族箱裝設

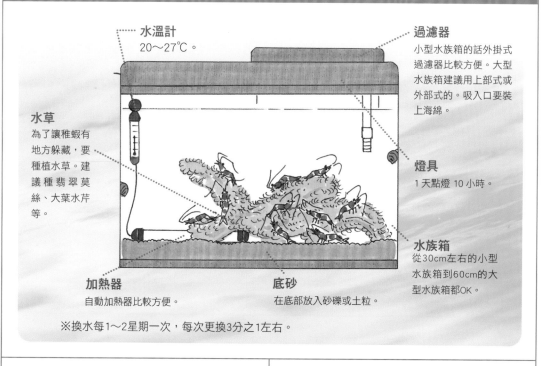

水溫計
20～27℃。

過濾器
小型水族箱的話外掛式
過濾器比較方便。大型
水族箱建議用上部式或
外部式的。吸入口要裝
上海綿。

水草
為了讓稚蝦有
地方躲藏，要
種植水草。建
議種翡翠莫
絲、大葉水芹
等。

燈具
1天點燈10小時。

水族箱
從30cm左右的小型
水族箱到60cm的大
型水族箱都OK。

加熱器
自動加熱器比較方便。

底砂
在底部放入砂礫或土粒。

※換水每1～2星期一次，每次更換3分之1左右。

水族箱與過濾器

　　如果只養蝦子的話，小型水族箱就足夠
享受了。水晶蝦等在20cm水族箱中可以養
15～20尾。在熱帶魚水族箱中做為配角的
貝類，以30cm水族箱飼養時可以放2、3個。
小型水族箱使用外掛式過濾器就很方便。如
果要繁殖的話，記得要在吸入口裝上海綿。

水族箱裡的環境

　　水溫以20～27℃為適溫，不過比起其
他魚類，對高溫的抵抗力更弱，所以25℃就
夠了。蝦子的小型水族箱在夏天時要裝上風
扇，避免水溫上升。

飼料與照顧

　　蝦子屬於草食性強的雜食性，翡翠莫絲
等水草也會成為牠的餌料。可以餵食配合飼
料，不過煮熟的菠菜牠們也很愛吃。

將菠菜燙熟後放入。吃剩的要每天清理。

對初學者來說
較難飼養的熱帶魚

這裡要介紹的是不適合初學者的熱帶魚。對水質敏感的魚、
大型魚或肉食魚等,建議要等到對熱帶魚的飼養熟練以後再嘗試。

較難做出
飼養水的魚

這些是棲息地的水質比較特殊,或是對於水的變化比較
敏感等等,在調整水質上難度較高的品種。
一般而言比較不普及,也有高價的品種。

七彩神仙魚

DATA	
原產地	亞馬遜河
全　長	16cm
水　溫	27～30℃
水　質	弱酸性的軟水

與神仙魚並列為慈鯛科的代表性品種。喜好弱酸性的水,
對於水質的污染與變化很敏感,所以為了不使亞硝酸鹽的
濃度太高,要儘早換水。每次約換3分之1到4分之1左右
的水,一點一點地進行換水。水溫要高一點,尤其幼魚在
28～30℃的水溫下可以促進成長,同時於培育時預防疾
病。

皇室綠七彩

在亞馬遜河原種的綠七彩上,帶有紅色斑點模樣的類型。

紅彩阿蓮卡七彩

秘魯原種的美麗七彩神仙魚。

短鯛

中南美原產的小型慈鯛。成對飼養的話可以看到其產卵及育兒的樣子。價格稍高。
對於水質很敏感,所以保持在 25℃ 左右的弱酸性水質非常重要。

紅尾阿卡西短鯛

DATA	
原產地	亞馬遜河
全 長	5～9cm
水 溫	24～25℃
水 質	弱酸性至中性

在短鯛的成員中為最普及的種類。雄魚可長到 9cm 左右。依棲息處而異,具有各式各樣的顏色。

圓球荷蘭鳳凰

DATA	
原產地	委內瑞拉、哥倫比亞
全 長	5cm
水 溫	24～27℃
水 質	弱酸性

這是荷蘭鳳凰的體型變得渾圓的氣球類型。目前流通的是東南亞及歐洲的繁殖個體。換水要頻繁一點,注意亞硝酸鹽濃度不可過高。

卵生鱂魚

這些是棲息於非洲的鱂魚成員。不容易適應飼養水,所以對水和換水都要一點一點地進行。特徵是會在進入乾季前於水底產卵,以卵的型態度過乾季,並於雨季孵化。並不是很普及的魚,所以價格也稍微高一點。

條紋旗鱂

DATA	
原產地	奈及利亞
全 長	4cm
水 溫	24～26℃
水 質	弱酸性至中性

為卵生鱂中旗鱂的代表性品種。適溫範圍很窄,要特別留意。夏天要以風扇防止水溫上升。壽命為 2～5 年。

紅尾圓鱂

DATA	
原產地	坦尚尼亞
全 長	6cm
水 溫	22～25℃
水 質	弱酸性至中性

紅與藍的配色非常漂亮的卵生鱂魚。在自然界中為壽命 1 年以內的年魚,產在水底的卵度過乾季後,會在雨季孵化。

彩虹魚

大洋洲原產的小型魚，不僅是棲息於河川與湖泊的淡水魚，也包含了棲息於河川下游乃至於河口混合海水的半淡鹹水域的種類。彩虹魚原本是半淡鹹水魚，不過作為熱帶魚而流通的種類在淡水裡也可以飼養。

電光美人

DATA	
原產地	巴布亞新幾內亞
全　長	10cm
水　溫	15～27℃
水　質	中性至弱鹼性

特徵是具金屬光澤的淡藍色體色，以及鰭的邊緣帶有紅色。在彩虹魚的成員之中，為比較普及且容易飼養的品種。

珍珠燕子

DATA	
原產地	巴布亞新幾內亞
全　長	3cm
水　溫	25～27℃
水　質	中性

雄魚的鰭非常漂亮的小型彩虹魚，依體色與胸鰭的顏色被分為黃色型與白色型。

非洲慈鯛

原產於非洲的馬拉威湖，為中大型慈鯛的成員。喜好鹼性的水，所以要以珊瑚砂或貝殼等作為底砂及濾材，進行水質調整。肉食傾向很強，除了慈鯛專用的配合飼料以外，最好也要給予活餌。

阿里

DATA	
原產地	馬拉威湖
全　長	20cm
水　溫	22～28℃
水　質	弱鹼性的硬水

這是俗稱阿里的非洲慈鯛成員。全身為鮮艷的藍色，背鰭邊緣為銀色。有在口中孵育卵和稚魚的習性。

馬面

DATA	
原產地	馬拉威湖
全　長	24～25cm
水　溫	20～26℃
水　質	弱鹼性的硬水

下顎突出的獨特長相。體色為銀色，雄魚的婚姻色是具有金屬光澤的藍色。肉食性頗強，只要是牠嘴巴吞得進去的魚都會被吃掉。

大型魚・肉食魚

基本上要飼養大型魚，條件是要單獨飼養，並且準備 120cm 以上的超大型水族箱。由於排泄物也多，所以要裝上高性能的過濾器，還要給予活餌等，是不多花一點金錢與時間就無法飼養的魚類。

象鼻魚

DATA	
原產地	非洲
全　長	20～22cm
水　溫	22～28℃
水　質	弱酸性至中性

特徵是下顎部分長長地突出，好像大象的鼻子一樣。喜愛活餌，所以要給予冷凍紅蟲等。由於會爭奪地盤，所以宜單獨飼養。雖然是夜行性，但是習慣以後白天也會活動。

新幾內亞虎

DATA	
原產地	新幾內亞
全　長	40cm以上
水　溫	25～28℃
水　質	中性至弱鹼性

為虎魚的新種，是稀有而高價的魚。本來是半淡鹹水魚，所以喜歡新水。在黃土色的底色上有黑色的粗紋，會隨著成長而慢慢變黑。

梅花鴨嘴（豹紋大帆鴨嘴）

DATA	
原產地	巴西、哥倫比亞
全　長	60cm以上
水　溫	22～28℃
水　質	弱酸性至中性

背鰭很大，張開鰭游泳的姿態很好看。雖然在大型鯰魚之中屬較易取得者，不過成長很快，可到60cm，因此必須要準備適合牠的水族箱。

花羅漢

DATA	
原產地	改良種
全　長	20～40cm
水　溫	26～30℃
水　質	弱酸性

為紅魔鬼與青金虎的雜交種，是在 2001 年所發表的新品種。在香港等地很熱門，有些配色特別受到喜愛，市場的買賣價格很高。

鱷魚恐龍王

DATA	
原產地	奈及利亞
全　長	60cm以上
水　溫	22～28℃
水　質	弱酸性至中性

體態讓人聯想到龍的古代魚，為大型恐龍魚的成員。修長的身體上帶有縱向的斑紋。餌料除了配合飼料以外，也要給予金魚等活餌。

紅尾鴨嘴

DATA	
原產地	亞馬遜河
全　長	100cm
水　溫	22～28℃
水　質	弱酸性至中性

幼魚的時候很可愛，很受歡迎，但卻是會長到 100cm 的大型魚，所以必須要有大型水族箱。隨著成長脾氣也會變壞，所以基本上要單獨飼養。

淡水魟

棲息於亞馬遜河等淡水域的魟魚。身體扁平且會長得很大，所以必須有大型的水族箱。價格隨種類而不同，不過大多為高價魚種。對於水質變化很敏感，所以飼養頗為困難。

黑帝王魟

DATA	
原產地	亞馬遜河
全　長	100cm
水　溫	22～27℃
水　質	弱酸性至中性

這是在黑色上帶有黃土色獨特花紋的熱門淡水魟。為進貨少而昂貴的品種，不過價格已經逐漸下降。

黑白魟

DATA	
原產地	亞馬遜河
全　長	100cm
水　溫	22～27℃
水　質	弱酸性至中性

特徵是在黑色底上帶有白色的圓點，是漂亮而很受歡迎的魟魚。與其它的淡水魟一樣，可以長到100cm，所以要養在有充分空間的水族箱中。

龍魚

熱帶魚迷們所憧憬的大型魚。龍魚是小者也有60cm，大者超過1m的很有看頭的熱帶魚。飼養的要點在於設置大型魚用的水族箱，並且供應活餌等。

銀帶

DATA	
原產地	亞馬遜河
全　長	100cm
水　溫	25～27℃
水　質	中性

在龍魚中自古以來即為人所知的代表種，幼魚會以比較便宜的價格引進販售。餌料為配合飼料與活餌。設置180cm以上的超大型水族箱是飼養的絕對條件。

亞洲龍魚

DATA	
原產地	馬來西亞、印尼
全　長	60cm以上
水　溫	25～27℃
水　質	中性

色調有各種變化，有紅色系與金黃色系等。各有詳細的流通名稱。隨著營養的均衡與否，發色的良莠也會受到影響。

PART 5

水草的種植法・培育法與修剪術

營造水族箱環境的水草的作用

水草不僅能使水族箱看起來更漂亮，
也有維持水質的功能。
為了打造一個魚兒穩定、健康悠游
的水族箱，也應該要放入水草。

需要水草的理由
營造更接近自然的環境，有保持水質的功能！

若能在熱帶魚水族箱裡種上綠色而美麗的水草，不但可讓熱帶魚看來更漂亮，觀賞起來也有療癒效果。近年來，以水草取代魚兒為主角，將各式各樣的水草加以佈置，享受水草水族箱樂趣的人也越來越多了。

水草不僅僅是漂亮而已。還能營造出讓魚兒安定的環境，同時也是魚兒的隱蔽場所，所以也有防止打架的效果。另外，水草在生長時會吸收水族箱裡產生的硝酸鹽和二氧化碳，所以對於水質的維持也有功效。

種植水草能使環境更接近自然狀態。

選擇水草的要點？

水族箱的大小為？

要選擇合乎水族箱大小的種類。水草會長得很大嗎？高度如何等都要確認。

熱帶魚的種類呢？

亞馬遜河出身

選擇與所飼養的熱帶魚和水溫、水質合得來的種類。建議選擇原產地比較接近的種類。另外也要確認魚兒會不會吃該種水草。

栽培的難易度是？

確認是否為必須添加CO_2的種類。另外，是否不易調整水質，或是需要較多光量等，要確認照顧時的重點來選擇。

選擇水草
初學者也容易
培育的水草是？

愛好水族的初學者，建議選擇在水草中普及而容易培育的種類。

●不會挑剔水質的種類

作為容易培育的水草，最關鍵的一點就是要強健。以水質適應力寬廣的種類為佳。

●一般光量就可以的種類

水草的成長需要光。有的水草需要比一般更多的光量，要是光量不足的話，就無法漂亮地培育。

●不需要添加 CO₂ 的種類

對於光靠水中的 CO_2 無法充分培養的水草，必須要有添加 CO_2 的系統。如果不想費這個工夫，就要選擇不添加 CO_2 也能夠培育的水草。

ONE POINT
一點建議
ADVICE

水草也要給予
肥料比較好嗎？

雖然只以底砂與水族箱裡的營養也可以培育水草，但是其中也有缺乏肥料就無法充分培育的種類。以水草為主角時，一般會使用含有養分的土粒（P26）底砂。

水族箱的環境會依水質與魚的數量而異，所以最好與店家商量看看。另外，過濾器裡放入活性碳的話，即使放入肥料，養分也會被吸收掉，所以要特別留意。

水草用的肥料。
埋於底砂裡使用的類型。

原來如此！專欄 Column　　了解水草的種類！

水草的種類可分為有莖型、簇生型及其他的水草等 3 種類型。

有莖水草是葉子長在莖上的類型。隨著葉子的形狀與大小、色調等，有各種會給人不同印象的水草。

簇生型水草則為從植株的中心長出放射狀葉片的類型，即使只有 1 株，如果培育得好的話，也會是存在感極強的種類。

至於其他的水草，則有屬於蕨類或苔蘚類等的種類。

有莖型

葉子長在莖上伸展的類型。照片為虎耳。

簇生型

葉子呈放射狀從植株長出的類型。照片為亞馬遜劍草。

水草種類圖鑑

水羅蘭　　　　　　　　　有莖

DATA	
原產地	東南亞
水　溫	20〜28℃
植株高度	20〜50cm
水　質	弱酸性至中性
光　量	少
CO_2	少

特徵是具有像菊花一般的細長葉子，為大型水蓑衣的一種。喜好有魚、氮素多的環境。

寶塔草　　　　　　　　　有莖

DATA	
原產地	東南亞
水　溫	20〜28℃
植株高度	10〜30cm
水　質	弱酸性至弱鹼性
光　量	普通
CO_2	普通

日本名稱為菊藻。普及且價格便宜，不過要培育得漂亮卻意外地困難。成長很快，但光量弱的話則只有莖會成長。

金魚藻　　　　　　　　　有莖

DATA	
原產地	世界各地
水　溫	15〜28℃
植株高度	15〜20cm
水　質	弱酸性
光　量	少
CO_2	少

金魚藻在低水溫下也依然強健，即使光量少也能生長，所以很適合初學者。在放有珊瑚砂的鹼性水中則不能適應。

水蘊草　　　　　　　　　有莖

DATA	
原產地	北美、日本
水　溫	15〜28℃
植株高度	10〜30cm
水　質	弱酸性至弱鹼性
光　量	少
CO_2	少

為普及的水草，能耐低水溫，所以也經常用於金魚水族箱中。不挑水質，成長快素，培育起來很簡單。要經常地修剪。

美麗的水族箱不可或缺的水草，要想像種植的配置來挑選。
請種植能更突顯熱帶魚的水草，營造更為接近自然氛圍的環境吧！

青葉草　　　　　　　　　　有莖

DATA	
原產地	亞洲
水　溫	15～28℃
植株高度	20～50cm
水　質	弱鹼性至中性
光　量	少
CO$_2$	普通

水養衣的代表性品種。強健且容易生長，是很受歡迎的水草。植株相當高，所以適合種在水族箱的後景或左右。

豹紋青葉（紅絲青葉）　　　有莖

DATA	
原產地	改良品種
水　溫	22～28℃
植株高度	20～50cm
水　質	弱酸性至弱鹼性
光　量	多
CO$_2$	多

這是水養衣的新芽部分變紅的品種，葉子的花紋很漂亮。為了顯現水草原本的漂亮顏色，宜給予肥料，並添加CO$_2$。

中柳　　　　　　　　　　　有莖

DATA	
原產地	泰國
水　溫	20～28℃
植株高度	20～50cm
水　質	弱酸性至弱鹼性
光　量	普通
CO$_2$	普通

特徵是漂亮的亮綠色葉子，成長時會大大地伸展開來。光量不足的話下葉會枯萎，要特別注意。

紅松尾　　　　　　　　　　有莖

DATA	
原產地	亞洲
水　溫	20～28℃
植株高度	20～50cm
水　質	弱酸性
光　量	多
CO$_2$	多

毛茸茸的葉子，日文別名松鼠尾的有莖水草，有著漂亮的紅色。添加CO$_2$的話會長得更美。光量也是多一點比較好。

虎耳 有莖

DATA

原產地	南美
水 溫	20～28℃
植株高度	20～50cm
水 質	弱酸性至中性
光 量	普通到多
CO₂	普通

長著圓弧葉片的有莖水草。建議用於水族箱的前景到中景。雖然強健，但是光量多一點比較好。

菊葉草 有莖

DATA

原產地	墨西哥
水 溫	20～28℃
植株高度	10～20cm
水 質	弱酸性至中性
光 量	多
CO₂	普通

長著小葉子的有莖水草。營養不足的話，葉子的形狀會變差，所以要添加 CO₂，並增強光線。

亞馬遜劍草 簇生

DATA

原產地	亞馬遜河
水 溫	22～30℃
植株高度	15～30cm
水 質	弱酸性至弱鹼性
光 量	弱
CO₂	少

簇生型水草的代表性品種。葉子多且長得很大，所以單單1株也很有存在感。適合初學者。

綠皇冠 有莖

DATA

原產地	亞馬遜河
水 溫	22～30℃
植株高度	15～20cm
水 質	弱酸性至弱鹼性
光 量	多
CO₂	普通

這是比亞馬遜劍草小一號的新型改良品種。特徵是葉子的尖端稍微圓一點，和九冠草長得也很像。

針葉皇冠　蔟生

DATA	
原產地	南美
水　溫	15～28℃
植株高度	10～20cm
水　質	弱酸性
光　量	少
CO_2	少

個子較矮，會以走莖橫向發展，最適用於前景。不耐改種，所以著根以後儘量不要移動。

非洲迷你皇冠　蔟生

DATA	
原產地	西非
水　溫	20～28℃
植株高度	10～20cm
水　質	弱酸性至中性
光　量	普通
CO_2	普通

成長慢，所以不太會增殖。水上葉的葉子較圓，水中葉則會變得細長。

迷你水蘭　蔟生

DATA	
原產地	北美
水　溫	15～25℃
植株高度	10～15cm
水　質	弱酸性至弱鹼性
光　量	普通
CO_2	少

特徵為筆直而較低矮的葉子。強健且耐低溫，是熱門的水草之一。最適合作為水族箱的前景。

小榕　蔟生

DATA	
原產地	喀麥隆
水　溫	20～28℃
植株高度	10～15cm
水　質	弱酸性至弱鹼性
光　量	少
CO_2	少

深綠色的硬葉子很漂亮，也可以附生在流木或石塊上面。強健且容易培育，很適合初學者。

貝克椒草　蔟生

DATA	
原產地	斯里蘭卡
水　溫	20～28℃
植株高度	20～30cm
水　質	弱酸性至中性
光　量	普通
CO_2	多

葉子正面為帶有褐色的綠色，背面則為漂亮的紅色為其特徵。在椒草中是會長成稍大型的品種。

綠溫蒂椒草　蔟生

DATA	
原產地	斯里蘭卡
水　溫	22～28℃
植株高度	20～30cm
水　質	弱酸性至中性
光　量	少
CO_2	普通

在椒草中算是容易適應水質且強健的品種。雖然是綠色的品種，但有時水中葉也會帶有紅色。

培茜椒草 蔟生

DATA	
原產地	斯里蘭卡
水 溫	20～28℃
植株高度	20～30cm
水 質	中性
光 量	普通
CO_2	普通

葉子較為細長的椒草。喜好中性的水,在光量較弱下也能成長,不過要添加 CO_2 和肥料。

大水蘭 蔟生

DATA	
原產地	東南亞
水 溫	22～28℃
植株高度	20～50cm
水 質	弱酸性至中性
光 量	普通
CO_2	少

為葉子筆直伸長的大型水草,適合做中大型水族箱的後景。強健且成長快速,要經常修剪。

虎斑水蘭 蔟生

DATA	
原產地	東南亞
水 溫	20～28℃
植株高度	20～50cm
水 質	弱酸性至中性
光 量	普通
CO_2	少

這是扁平的葉子筆直伸展的水蘭,葉子比大水蘭還要細。

線葉水蘭 蔟生

DATA	
原產地	東南亞
水 溫	20～28℃
植株高度	20～50cm
水 質	弱酸性至中性
光 量	普通
CO_2	少

在水蘭之中葉子最細長,給人纖細印象的水草。長得太長的話葉尖要修剪。

小草皮 蔟生

DATA	
原產地	南美、澳洲
水 溫	15～28℃
植株高度	5～10cm
水 質	弱酸性至弱鹼性
光 量	多
CO_2	多

細長的葉子末端下彎,看起來好像眼鏡蛇低頭的模樣。宜做為前景。不耐水質的變化。

牛毛氈 蔟生

DATA	
原產地	東南亞
水 溫	15～28℃
植株高度	5～15cm
水 質	弱酸性至中性
光 量	少
CO_2	普通

細長的葉子像草皮一般繁生,適合作為前景。以走莖來增殖。建議以數根一束來種植。

鐵皇冠 　蕨類

DATA	
原產地	東南亞
水　溫	18〜28℃
植株高度	15〜20cm
水　質	弱酸性至中性
光　量	少
CO_2	少

在琉球也有自生的水蕨類的成員。是適於初學者的強健水草。有青苔附著的話成長就會變差。

鹿角鐵皇冠 　蕨類

DATA	
原產地	改良品種
水　溫	20〜28℃
植株高度	15〜25cm
水　質	弱酸性至中性
光　量	少
CO_2	少

成長慢，所以不太會增殖。水上葉的葉子較圓，水中葉則會變得細長。

大葉水芹 　蕨類

DATA	
原產地	東南亞
水　溫	20〜28℃
植株高度	20〜50cm
水　質	弱酸性至中性
光　量	普通
CO_2	少

水蕨類的成員。體質強健，就算不添加 CO_2 也能長得很好。將葉尖漂於水上就能簡單地增殖。

細葉水芹 　蕨類

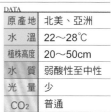

DATA	
原產地	北美、亞洲
水　溫	22〜28℃
植株高度	20〜50cm
水　質	弱酸性至中性
光　量	少
CO_2	普通

葉子比大葉水芹還要纖細的水芹。水蕨類適合孔雀魚等小型熱帶魚。

翡翠莫絲 　苔蘚類

DATA	
原產地	世界各地
水　溫	22〜28℃
植株高度	2〜10cm
水　質	弱酸性至中性
光　量	少
CO_2	少

捲在流木或石塊上，可以附生做成草叢。適合蝦子與小型魚的水族箱。也可做為稚魚的隱藏場所。

南美莫絲 　苔蘚類

DATA	
原產地	南美
水　溫	22〜28℃
植株高度	2〜10cm
水　質	弱酸性至中性
光　量	普通
CO_2	少

要附生在流木上需要花一點時間，但是一旦存活，不管在水中或水上都能繁生。三角形的葉子為其特徵。

種植前的
準備作業的要領

買來的水草
不能就這樣放入水族箱。
進行準備作業就是成功的關鍵

水草的準備

裁剪水草的根與葉，
確實地種植！

　　從店家買回來的水草，不能從袋子裡拿出來就直接種上去，要先進行準備作業才行。由於事前準備可以大幅提高水草培育成功的機率，所以要確實地進行。

　　把種在盆子裡的水草取出來，將毛氈除去。去掉毛氈、清洗根部的作業不能直接用自來水，而是要用裝在臉盆裡的 25℃左右的水來進行。

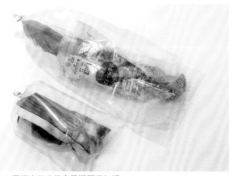

買回來的水草會用塑膠袋包好。

有莖水草的準備作業

虎耳

1

大多會種在盆子裡。從盆子裡取出後，用水一面沖洗，一面拿掉毛氈。

2

切除莖的下部，調整長度。長在下半部的葉子，要先剪到植入的部分為止。

蔬生水草的準備作業

亞馬遜劍草

從盆子裡取出,去除毛氈。一面以水沖洗一面進行會比較好。

一株一株分開。由於根長得很長,所以只留下一點,其餘的剪掉。

葉子枯萎的時候,要先從根部剪除。

附生在流木上

翡翠莫絲

將 2 ～ 3 條翡翠莫絲展開於流木上。要領是要薄薄地貼上。

用釣魚線以 1 ～ 2cm 的間隔將翡翠莫絲捲在流木上。

由下往上,再由上往下捲起,在開頭和結束的地方將釣線打結。

附生在流木上

小榕

從盆子裡取出,一面以水沖洗一面將毛氈去除。

將植株以剪刀剪成容易種植的大小。

留下少許根部,太長的地方剪除。

選擇流木的凹處等容易種植的地方。

以釣魚線纏捲在流木上。用黑色的棉線也可以。

在開頭和結束的地方打結,固定在流木上。

※ 清洗時的水溫要以 25℃為基準。冬天時特別要注意。

妥善地培育水草吧！

水草有水中葉和水上葉。
要了解培育和增殖的方法，
健康地培育。

水草的培育

種植之後的照顧和修剪很重要！

　　即使在水族箱裡種植水草，不久後還是可能會枯萎。造成枯萎的原因有很多，水質或水溫適合嗎？水質有沒有惡化呢？還有，是否有充足的光量或添加 CO_2 也都是重點。和照顧魚兒一樣，水草的狀態也要經常檢查。

● **定期修剪**

　　水草順利成長時，就要進行修剪，將整體的形狀整理好（P130 ～ 133）。

　　雖然沒有枯萎，但卻沒有長得很漂亮時，就要考慮光量或營養、CO_2 不足等原因。請更換燈具等，試著改變環境看看。

　　一般而言，水草葉子為紅色型的較難進行栽培。若是光量或 CO_2 不充分，很多種類都無法顯現出鮮艷的顏色。

添加CO_2（二氧化碳）的器具

CO_2 的要求量較多的水草，就必須以專用的器具來添加。裝設於水族箱，定期更換氣瓶以保持環境。

簡易式 CO_2 添加器具。
氣瓶與擴散筒要以氧管連接使用。

水上葉和水中葉

即使枯萎也會馬上復活！
對於水中葉要事先了解

水草有水上葉和水中葉。水上葉為在水面上萌芽者，而在店裡販賣的水草，事實上大多為這種水上葉的狀態。

將水草移植到家裡的水族箱，不久後會有葉子枯萎的情形發生。但是，這大多只是從水上葉轉變成水中葉的過渡現象，水草其實已經著根了。

就算枯萎了也不要丟棄，請等待水中葉出現。水上葉與水中葉的顏色與形狀會稍有不同。

水上葉和水中葉

非洲迷你皇冠

水上葉的葉子呈圓弧形（照片左）。等水上葉好像溶掉般地枯萎以後，細長形的水中葉就會出現（照片下）。

亞馬遜劍草的水中葉（左）與水上葉（右）。

水上葉溶掉般地枯萎，並長出水中葉時的情形。培茜椒草。

砂礫與水草

砂礫會影響水草的成長。在飼養熱帶魚時經常使用的大磯砂也可以培育水草，但是如果要讓水草長得漂亮的話，建議用土粒。土粒是將土壤燒製而成的東西，含有養分，酸鹼值為 6.5 的弱酸性。不過必須要一年全部更換一次。

珊瑚砂為弱鹼性，所以不適合種植水草的水族箱。

土粒系列的土壤適於水草水族箱。

以修剪或改種
讓水族箱更漂亮！

長長的水草要進行修剪，將形狀整理好。
在此要介紹增加植株以及改種的技巧。

關於修剪

將水草剪好形狀，
保持美麗的水景

　　剛開始配合造景來種植水草的水族箱，隨
著水草的生長，形狀也會走樣。長過頭的部分要
進行修剪，經常保持美麗的狀態。

　　水草的成長會隨種類而異，只要在有點在
意時做部分的修剪就可以了。修剪時要注意熱帶
魚，將枯萎的葉子或污物等除去後就算完成。

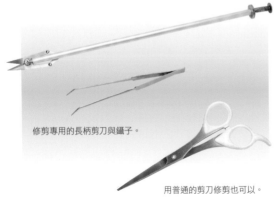

修剪專用的長柄剪刀與鑷子。

用普通的剪刀修剪也可以。

修剪的要點

將燈具、加熱
器、過濾器的
電源關掉，在
有熱帶魚的
狀態下修剪
也沒關係。以
修剪用的剪
刀進行修剪。

使用普通的
剪刀也 OK。

水草水族箱的修剪

剛種植完
這是剛裝好水族箱、水草種植完畢時的狀態。由於水草還沒有成長，因此水族箱裡還有很多空間。

1 個月後
（ 有添加 CO₂ ）
右側的紅松尾長度已達水面，右側前景的非洲迷你皇冠走莖也長長了。

1
個子已經長到水面的水草會在水族箱裡造成陰影，所以要修剪。

2
翡翠莫絲如果長得太長的話，就只修剪前端。

修剪後
修剪完畢後撈除污物，等待水的污濁消失。這是將長得太長的部分全部剪除的狀態。比起剛種好的時候，水草更為繁盛。

修剪 2 週後

來增殖水草吧！

剪下來的水草不要丟棄，好好地用來增殖吧！

修剪時剪掉的部分不要丟棄，可以用來增殖；然後再培育，種植在新的水族箱裡看看。

水草的增殖方法隨著種類而各有不同。

首先將剪下來的葉子前端漂浮在水面，使其長出根來，然後再使用已長出根的部分，重新栽種增殖。另外，如果是延伸走莖來增加植株的種類，只要切下走莖的部分就可以種植出新的植株。

不同種類水草的增殖方法

紅松尾

1 將修剪時剪下的前端部分重新種植。

2 剪下的部分會有分枝，所以也可以一根根剪下來分別種植。

水羅蘭

1 切下長長的葉子前端。

2 只要將葉子漂浮在水面上，根就會長出來，屆時便可重新種植。照片為已漂浮1個月左右的葉子，根已經長了4.5cm。

3 將**2**的老葉剪除，下面剩下的部分則將根的末端剪除。

4 將**1**下方的髒葉子去除，重新栽種。

5 這是**1**栽種1個月後的樣子。上方的部分已經長出新芽了。

紅絲青葉

1
根會從莖部長出，所以要連同有根的地方剪開。

2 將根剪成適當長度，分別種植。

3 將 **2** 種植 2 週後的狀態。

4
僅將葉子剪下漂浮在水面上也可以增殖。這是剛漂浮於水面上的時候（右）與 1 個月後（左）。

水蘭

水蘭會長長，所以要配合水族箱的高度來修剪。

走莖長長的時候，要在根部將植株剪開，將新的植株重新種植。

鹿角鐵皇冠

新的葉子會從葉子末端長出，所以要在此處剪開，進行分株。

用還是不用？ 培育水草的 CO_2

幫助水草成長的 CO_2 要以專用的器具來添加。隨著水草種類的不同，其必要性也不同。

 CHECK **幫助水草成長的 CO_2**

　　培育水草需要有光、營養、二氧化碳＝ CO_2。大多數被認為培育困難的水草，都是因為光量或 CO_2 不足就容易造成枯萎。因此，就要裝上可以在水族箱裡的水添加 CO_2 的專用裝置。本書所介紹的水草大多為不添加 CO_2 也能夠成長的種類。即使是被認為有添加會比較好的水草，也不見得沒有 CO_2 就會枯萎，只是成長會比較慢而已。另外，底砂使用土粒（P26）的話，水草的成長會比較快。

 POINT! **若有使用時就要持續使用**

　　以水草為主的水族箱多半都會添加 CO_2。一旦使用了 CO_2，水草也會適應這種環境，所以必須不中斷地持續使用才行。

　　店家的水族箱如果有使用 CO_2 時，情況也是一樣。在店裡添加了 CO_2 而成長的水草，放入家裡不添加 CO_2 的水族箱裡就會開始枯萎。

　　選擇水草時，請向店家確認該種類是否有必要添加 CO_2，以及店內是否有添加 CO_2。

紅松尾的成長比較

在水族箱裡種植 1 個月，於不添加 CO_2 的熱帶魚水族箱中自然育成者。砂礫使用的是大磯砂。

在水族箱裡種植 1 個月，添加 CO_2 育成者。成長快速，已經到了必須修剪的狀態。底砂部分使用土粒。

只要仔細觀察水草，就可以知道水族箱裡是否有添加 CO_2。水草上附有微細氣泡的話就代表有添加。

PART **6**

A Q U A R I U M

適合初學者！
漂亮的水族箱造景

熱帶魚與水草互相調和的造景水族箱

來挑戰漂亮地配置水草和
裝飾品的造景水族箱吧！
請從要讓魚兒如何悠游的
理想畫面開始著手吧！

設計的考量

何謂魚兒舒適且漂亮的造景水族箱？

　　造景水族箱必須要是魚兒能舒適生活的環境。例如，若是混養水族箱，只要用水草做成許多隱蔽場所，就可以分散地盤，避免打架的情況發生。以流木等做成魚兒的通路空間也很好。

　　熱帶魚和水草從正面看起來必須要很漂亮才行。面前低一點等等，只要掌握了重點，之後就可以自由地配置。建議也可以參考店裡的造景水族箱。

　　起初要先將大件物品的位置定好，想像整體的模樣。將從正面看過去的想像圖畫下來也是個好主意。在實際配置之前，只要先想好由上往下看的配置圖，就可以順利地完成。

使用裝飾品

　　雖然只用砂礫與水草也可以佈置，不過建議還是使用流木或石塊等，可以更簡單地做成有氛圍的造景水族箱。

　　要讓水草附生，流木等也是不可或缺的。

流木

石塊

溶岩

這裡就是重點！造景的決定方法

決定魚兒的游泳空間

想要讓魚兒在哪裡游泳等，請保留較大的空間來配置水草與流木。想要讓魚在中央游泳時，中央就要開闊，如果是小型魚或蝦子的話，也可以將裝飾品放在中央，讓兩側維持空曠。

從正面看水族箱，在中央保留空間。

在中央放入主體的流木等，兩側保持空曠。

前方要做低一點

在將砂礫弄平的時候，或是種植多種水草的時候，基本上要將前方做低一點，越往後面則越高。前方種植較低的水草，後方則種植較高的水草作為背景，就會成為有安定感的配置。

將前方做低，越往後面則越高地進行配置。

製造變化

如果是寬度 30cm 以上的水族箱，建議可善用其寬度在中間製造變化。使用石塊或流木將砂礫擋住的話，還可以做成段差。

在左側安排石塊，做成高出一段的場所。

燈具與過濾器的位置

不僅是外觀，燈具與過濾器的水流下來的位置也很重要。需要較多光量的水草，要種在燈光可以直接照射的位置。不要將水草種植在水流下來的場所。

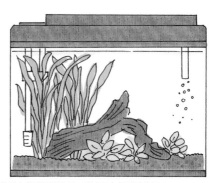

使用上部過濾器的話，燈光不容易照到後景。

可以輕鬆起步的小型水族箱

從超小型的立方體水族箱到寬度20cm左右的小型水族箱。不挑擺放地點，可以輕鬆地裝設。

小型多彩的熱帶魚 滿魚＆日光燈

推薦給初學者的滿魚和日光燈。
在大型水族箱放養大群也很漂亮，
不過起初要從這樣的小型水族箱開始！

■水族箱DATA

水　族　箱	寬度18×深度12×高度15cm
過　濾　器	外掛式過濾器
照　　　明	5W×1燈
加　熱　器	自動加熱器50W
砂　礫　等	大磯砂、溶岩
熱帶魚等	滿魚5尾、日光燈10尾

■配置圖

①溶岩
②小榕
③岩石

P O I N T

過濾器使用容易操作的
外掛式過濾器。在吸入
口裝上海綿，以免小型
魚被水流帶走。就算滿
魚產下了稚魚，也因有
海綿而可以放心。

賞玩小型河豚
巧克力娃娃水族箱

這是只有不易與其他熱帶魚混養的小型河豚
——巧克力娃娃的水族箱。
順利的話，也會有自然配對而繁殖的情形。

■配置圖

①溶岩
②小榕
③亞馬遜劍草
④翡翠莫絲

■水族箱DATA

水 族 箱	寬度17×深度17×高度17cm
過 濾 器	外掛式過濾器
照 明	5W×1燈
加 熱 器	自動加熱器50W
砂 礫 等	大磯砂、溶岩
熱帶魚等	巧克力娃娃10尾

P O I N T

巧克力娃娃的水族箱，為了防止牠們爭奪地盤而打鬥，重點
在於要做出許多隱蔽場所。以溶岩或水草區隔以防止打架。
柔軟的水草會被咬碎，所以要放入小榕等硬葉的種類。

熱門的小型蝦
紅水晶蝦

鮮艷的紅白身體非常漂亮，超級迷你的紅水晶蝦。
建議不要放入其他種類，做成單純的水族箱。

賞玩只有紅水晶蝦的小型水族箱。
請考量蝦子的活動場所，
配置翡翠莫絲或流木等。

■配置圖（左）

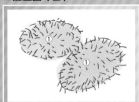

①附生於石塊的翡翠莫絲

■配置圖（右）

①附生於石塊的翡翠莫絲

■水族箱DATA

水　族　箱	寬度22×深度22×高度28cm
過　濾　器	外掛式過濾器
照　　　明	5W×1燈
加　熱　器	自動加熱器50W
砂　礫　等	土粒
熱帶魚等	紅水晶蝦20尾

P O I N T

在紅水晶蝦的水族箱裡，一定要放入翡翠莫絲等苔蘚
類，可以當成蝦子的食物或是休憩場所。青苔加上紅
×白的紅水晶蝦的組合，也可使水族箱看起來更漂
亮。

蝦子會聚集在水族箱的底部或水草上。
放入翡翠莫絲的話，還可以觀賞牠們
吃青苔的模樣或休息時的樣子。

P O I N T

由於蝦子會聚集在水底或翡翠莫絲上，所
以要放入附生於石塊上的翡翠莫絲，想辦
法避免浪費水族箱的使用空間。

■水族箱DATA

水 族 箱	寬度18×深度12×高度15cm
過 濾 器	外掛式過濾器
照 明	5W×1燈
加 熱 器	自動加熱器50W
砂 礫 等	土粒
熱 帶 魚 等	紅水晶蝦20尾

賞玩30～45cm的中型水族箱

讓小型魚成群悠游，或是混養好幾種等等，可以有各式各樣的造景。
選擇混養的種類時，也要考慮是否合得來。

卵胎生鱂魚與脂鯉的混養

如果想收集色彩斑斕的熱帶魚，
推薦孔雀魚或滿魚等卵胎生鱂魚與小型脂鯉。
大多都是容易混養的種類。

■配置圖

①鐵皇冠
②附生於流木的
　鹿角鐵皇冠
③寶塔草
④石塊

■水族箱DATA

水族箱	寬度30×深度20×高度23cm
過濾器	外掛式過濾器
照明	13W×1燈
加熱器	自動加熱器100W
砂礫等	大磯砂
熱帶魚等	孔雀魚6尾、滿魚4尾、白化黑燈管10尾、綠蓮燈5尾 白鼠2尾、白化金翅珍珠鼠1尾、石蜑螺2個

P O I N T

這是賞玩小型熱帶魚代表種的卵胎生鱂魚與脂鯉的水族箱。另外也投入了作為吉祥物的鼠魚以及吃食青苔的石蜑螺。鼠魚棲息於水底，可以讓水族箱整體顯得很熱鬧。

鼠魚的湧泉水族箱

以獨特而有趣的姿態廣受歡迎的鼠魚。
不放入其他的種類，
打造鼠魚專用的水族箱來飼養也很有趣。

■配置圖

在水族箱的底部裝上外部
過濾器的排出口。

①附生於流木的小榕
②虎斑水蘭
③湧泉

■水族箱DATA

水 族 箱	寬度40×深度25×高度38cm
過 濾 器	外部過濾器
照 明	13W×1燈
加 熱 器	自動加熱器100W
砂 礫 等	矽砂
熱帶魚等	金翅珍珠鼠、白鼠、咖啡鼠、茉莉豹鼠共計12尾

P O I N T

使用外部過濾器，將管子埋在砂礫裡，水好像從
水族箱的底部噴出一般地回流。使用顆粒細小的
矽砂，可以觀察到鼠魚在湧泉中遊玩，或是潛入
砂中的樣子。

神仙魚與劍尾魚的混養

如果是40cm的水族箱，
體型稍大的神仙魚等也放得進去。
因為體型頗具存在感，可以做成漂亮的水族箱。

■配置圖

①大水蘭
②附生於流木的翡翠莫絲
③迷你水蘭
④亞馬遜劍草
⑤岩石

■水族箱DATA

水 族 箱	寬度40×深度25×高度30cm
過 濾 器	外掛式過濾器
照　　明	13W×1燈
加 熱 器	自動加熱器100W
砂 礫 等	大磯砂
熱帶魚等	鑽石神仙3尾、紅頂大理石神仙1尾、紅白劍3尾

P O I N T

這是色彩組合鮮豔華麗的混養水族箱。神仙魚的特色在於修長的魚鰭，所以要注意不可與有咬鰭習性的種類混養。神仙魚長大後會欺負小型魚，不過劍尾魚因為體型比較大，所以不會有問題。

賞玩麗麗魚與脂鯉的混養水族箱

從水草的間隙中可以看到各種熱帶魚探出頭來的有趣混養水族箱。縱長型的水族箱，建議使用流木等可以縱向擺放的裝飾物。

■配置圖

①線葉水蘭
②亞馬遜劍草
③附生於流木的小榕
④附生於流木的南美莫絲
⑤附生於流木的翡翠莫絲

■水族箱DATA

水 族 箱	寬度30×深度30×高度40cm
過 濾 器	外掛式過濾器
照 明	13W×1燈
加 熱 器	自動加熱器100W
砂 礫 等	大磯砂
熱帶魚等	一片藍麗麗2尾、巧克力飛船10尾、石蟮螺5個、玻璃彩旗15尾、咖啡鼠2尾、大和沼蝦3尾

P O I N T

麗麗魚如果成對放入，或是放入10尾以上的話，就比較不會打架。做為水族箱的清道夫，也放入了鼠魚和大和沼蝦。

挑戰正宗的水族箱

如果是60cm的水族箱，就能放入各式各樣的水草，做成正宗的水族箱。
以水草造景加上放養的熱帶魚組合，打造出屬於自己的創意水族箱吧！

賞玩水草的水族箱

這是添加CO_2，確實培育水草的造景。
既然要使用CO_2，就來挑戰各種種類的水草吧！

■水族箱DATA

水 族 箱	寬度60×深度30×高度40cm
過 濾 器	外部過濾器
照 明	24W×1燈
加 熱 器	自動加熱器200W
砂 礫 等	土粒
其 他	添加CO_2
熱 帶 魚 等	巧克力氣球茉莉2尾、 藍國王燈10尾、紅眼紅白劍20尾 小三角燈10尾、黃日光燈10尾

■配置圖

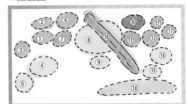

①附生於流木的鹿角鐵皇冠
②線葉水蘭
③綠皇冠
④附生於流木的翡翠莫絲
⑤綠溫蒂椒草
⑥紅絲青葉
⑦貝克椒草
⑧附生於流木的翡翠莫絲、
　小榕
⑨附生於石塊的翡翠莫絲
⑩紅松尾
⑪培茜椒草
⑫亞馬遜劍草
⑬鹿角鐵皇冠
⑭培茜椒草
⑮附生於石塊的翡翠莫絲
⑯附生於流木的南美莫絲
⑰小榕
⑱非洲迷你皇冠

賞玩日光燈的水族箱

這是只放養大量日光燈的水族箱。
放置在左右兩方的大石塊非常吸睛，
是就算沒有CO₂也沒關係的造景。

■水族箱DATA

水 族 箱	寬度60×深度30×高度36cm
過 濾 器	底面過濾器內裝、外掛式過濾器
照 明	20W×2燈
加 熱 器	IC控溫器300、加熱器200W
砂 礫 等	大磯砂
熱帶魚等	日光燈200尾

■配置圖

①附生於流木的翡翠莫絲
②亞馬遜劍草
③針葉皇冠
④小榕
⑤岩石

POINT

這是以賞玩日光燈群游
為目的的造景。將石塊與
流木等裝飾品有效地配
置，在中央做成游泳的空
間。水草只選擇強健的種
類，所以不添加 CO₂ 也
沒關係。

綠意盎然的
水陸缸

水陸缸就是在水族箱中有水域部分與陸地部分的造景。
為了不使水草枯萎，重點在於要留意水的流動。

■配置圖

①附生於流木的翡翠莫絲
②小榕
③虎斑水蘭
④大水蘭
⑤水羅蘭
⑥鐵皇冠
⑦綠皇冠

■水族箱DATA

水 族 箱	寬度45×深度30×高度30cm
過 濾 器	底面過濾器、水陸兩用幫浦
照 明	15W×2燈
加 熱 器	自動加熱器100W
砂 礫 等	大磯砂
熱帶魚等	銀馬甲3尾

P O I N T

由於水量比較少，所以魚不要放得太多。為了
使底面過濾器吸上來的水能夠經常淋在水草
上，出水口要一個管子一個管子地固定（參照
P35的裝設步驟）。

PART 7

疾病的照顧與
飼養的Q&A

健康管理與疾病的處理法

水族箱的環境由飼養者決定，
可好可壞。
平常就要注意預防疾病，
一發生疾病就要儘快處理。

預防疾病
平時的照顧很重要，要儘速處理

要預防魚的疾病，保持水族箱環境的適宜是很重要的。為了避免發生水溫的急遽變化和水質惡化，要做好平時的照顧。

水質惡化的原因有：水族箱裡魚的數量太多、飼料餵得太多、更換過濾器與換水的時機太遲等等。為了儘早發覺疾病，檢查魚兒是否出現症狀也很重要。

飼料投餵、換水等平常正確的照顧也可預防疾病。

這個時候要注意！

游泳方式異常。

體色變淡、失去光澤。

眼睛白濁、突出。

鰓部動作異常、打不開。

魚鰭破損、溶解。

魚鰭呈摺疊狀。

附著白色斑點或霉狀的東西。

鱗片倒立、翻起。

要觀察是否有與平常不一樣的地方。

藥浴的方法

病魚要在護理水族箱裡進行藥浴！

當魚身上出現疾病症狀的時候，很可能就是感染症，所以要和其他的魚分開。

發病的魚要準備小型水族箱以作為護理水族箱。將藥放入，使其進行藥浴。

●在護理水族箱裡藥浴

水族箱裡裝上加熱器、海綿過濾器，加入水和藥。

●在原本的水族箱裡藥浴

在原本的水族箱裡加藥時，要選擇對水草不會有害的藥物。

過濾器裡放入活性碳的話，藥物會被吸收掉，所以要把活性碳拿掉。使用外掛式過濾器時，宜將濾材包拿掉，在吸入口裝上海綿後用藥。

護理水族箱只要有加熱器與過濾器就行了。
照片中使用的是 Green F-Gold。

病後的處理法

症狀輕微的話單用藥浴就可以治癒。撈起病魚的網子也要先消毒好。

在同一個水族箱發生多尾魚生病、乃至於死亡的時候，最好進行大掃除，重新裝設水族箱。

要經常觀察魚兒的情況。

用於藥浴的藥物

藥物要依據標示的規定量投入。鯰魚類中有的種類對藥物很敏感，無法使用，所以最好洽詢專門店。

Green F-Gold
顆粒類型。不能使用在放有水草的水族箱。

Green F-Gold 液體
對於水草也 OK。
主要對爛尾病、水黴病有效。

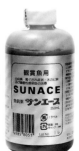

SUNACE
特別對於白點病、爛尾病有效。

熱帶魚的主要疾病

出現這樣的症狀時要儘早處理。

白點病

　　原因為白點蟲的寄生，身體表面與鰭出現白色斑點。起初症狀似乎大多出現在鰭上。急遽的水溫變化、水溫過低、水質惡化等都可能是原因。

　　症狀輕的話換水即可，或是使用New Green F、Green F等藥浴就可治癒。

各鰭與體表出現白色斑點。

爛尾病

　　如爛尾、爛鰭的名稱所示，尾鰭的末端變得蒼白或充血，一旦惡化，尾鰭就會溶掉的疾病。如果出現在鰓部，則會腫脹、變成暗紅色，嘴角也會變得蒼白。發病的話要與其他魚隔離，進行藥浴。只要確實進行水質和水溫管理就可預防。

尾鰭變得蒼白，像是溶掉一般。

水黴病

　　體表看起來好像附有白色棉絮，所以也有水棉病之稱。當傷口有細菌附著，或是水質有問題時就會發病。

　　病魚要以藥浴治療，並且清理水族箱的過濾器和底砂。

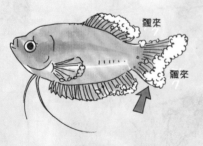

飄來

飄來

體表變得好像被棉絮覆蓋一樣。

立鱗病（產氣單胞菌症）

　　為產氣單胞菌所引起的細菌感染症，特徵是鱗片翻起，好像松果一般。鱗片的下方有分泌液堆積，體表有充血現象。

　　由於原因為水質的惡化，所以要確實地定期換水。病魚要隔離，進行藥浴。

鱗片翻起，身體看起來又圓又腫。

孔雀魚病

　　好發於孔雀魚的稚魚，尾鰭的末端變得尖銳，故亦有針尾病之稱。與爛尾病或爛口病的症狀類似。由於水溫只要降到22℃左右的低溫，病情就會停止惡化，所以要先將水溫降低再進行藥浴。要放入新的孔雀魚時，要在別的水族箱裡先觀察後再進行。

孔雀魚的尾鰭破損，變得尖銳。

日光燈病

　　這是好發於日光燈魚、原因不明的病，體色好像褪色一般變得蒼白。由於病魚的傳染、死亡機率很高，所以唯一的預防對策就是不要把疾病帶進來。

　　要購入熱帶魚時，請選擇魚的狀態良好的店家。

體色會變得蒼白。

外傷

　　當魚兒之間發生打架或磨擦到石塊時，會有體表受傷的情況出現。輕傷的話雖然沒什麼問題，不過容易感染細菌，所以還是要注意。治療的話，請將藥物及少量的鹽放入水族箱裡進行藥浴。

　　在進行換水或掃除，要用網子撈魚的時候，請注意不要傷到魚兒了。

用網子撈魚的時候，要注意不要傷到魚。

寄生蟲

　　魚體充血、腫脹，體表或鰭上出現紅色斑點、鱗片剝落等症狀，原因就出在寄生蟲。呈圓盤型，直徑約2～5mm的魚虱，以及體長5～10mm呈絲狀的錨蟲等，都可以用肉眼來確認。可以進行藥浴去除，錨蟲的話也可以用鑷子除去。

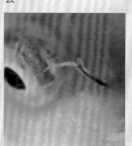

錨蟲

魚虱

飼 養 方 法 Ｑ＆Ａ

此時該怎麼辦？
熱帶魚飼養 Q&A

實際飼養熱帶魚以後，
就會出現各式各樣的問題。
在此要來回答這些有關熱帶魚飼養的疑問。

**突然發現水族箱裡
有稚魚在游泳。
要如何培育牠們才好呢？**

　　卵胎生鱂魚的成員可以簡單地繁殖，但如果放著不管的話，就會被雙親或其他的魚類吃掉。一發現稚魚，最好還是移到其他的水族箱會比較安心。餌料要給予稚魚用的配合飼料或豐年蝦。

　　如果是放有許多水草的水族箱，稚魚就不會被吃掉，也可以就這樣培育。過濾器的吸入口要事先裝上海綿，稚魚就不會被吸進去了。

發現稚魚的話要儘快移開。

**魚馬上就死掉了。
是因為生病嗎？**

　　剛買來的魚死亡的理由可能有：因為剛進貨而身體衰弱，或是本來的狀態就不佳。如果魚本身沒有問題的話，也可能是水族箱的裝設方法或魚的放入方法不佳、水族箱環境不良等情況所造成的。

　　水族箱裝設完畢後，是否沒有等待水質穩定就將魚放入，或是沒有進行對水就將魚放入呢？急遽的水質變化，會使魚兒休克死亡。

　　不過，即使有確實地作水，調整水溫和酸鹼度，小心地進行對水，魚兒有時還是會死亡。即使專業的店家也會有魚兒死亡的情形，因此就某種程度而言，也可以說是沒有辦法的事。

放入水族箱時要先進行對水 (P46)。

神仙魚如果沒有產卵筒就會在水草上產卵。雙親會照顧卵和稚魚。

 水族箱裡有很多小型貝類，把牠們移除會比較好嗎？

 隨著水草等進來的小型卷貝會進行繁殖而增生。貝類或白線蟲（P59）之所以會增殖，就是換水不足的證明。請務必要定期地換水。

雖然對魚沒有害處，不過一直增加的話也不好看，所以要去除。可以用手一個一個地拿掉，或是以大掃除來去除。

皇冠沙鰍和河豚等會吃卷貝，因此也可以當作餌料來給予。若是將貝打碎的話，也可以作為稚魚的餌料。

 突然發現水族箱裡有卵！要怎麼辦比較好呢？

 可能會發生卵會被吃掉，或是孵化的稚魚被吃掉的情形，所以要將卵移開。如果水族箱裡有放置產卵箱的話，只要將母魚放入裡面就可以保持在相同的環境。

另外，神仙魚的成員在產卵後雙親也會照顧，所以就這樣放著也沒問題。雖然也會發生水族箱狀況不穩定，還年輕的雙親把卵吃掉的情況，不過慢慢地就會開始培育稚魚了。

 水族箱裡一下就變得到處都是青苔……

 沒有經常換水時，水一旦變舊就容易發生青苔。魚的數量太多、餌料過剩、水質惡化等也是原因之一。

換水要定期進行，砂礫也要經常清洗。水族箱不要照到太陽，燈光的照明時間縮短等也有效果。

放入會幫忙吃掉青苔的大和沼蝦或貝類、小精靈等也很不錯。

 熱帶魚死掉的時候……

 一發現有死掉的熱帶魚，就要馬上撈出來。為了預防疾病傳染，撈過魚的網子也要消毒。如果一下死掉好幾尾時，要將水族箱大掃除，以便重新運轉。

如果是小型熱帶魚，由於會被其他的魚啄食或自然分解，有時連殘骸也不會留下。

貝類會附在玻璃面上幫忙吃掉青苔。

水族用語索引

紅蟲	作為熱帶魚的活餌經常被使用的搖蚊幼蟲。袋裝的冷凍產品比較方便。　　　　　　　→ P51
風扇	用來送風的器具。為了防止盛夏時水溫過度上升，最好要在水面以風扇吹風。　　→ P24・64
修剪	剪除水草長長的部分等，調整形狀的作業。　　　　　　→ P130
浮頭	水中的氧氣量太少，使魚兒難受地在水面嘴巴一開一合的情形。如果魚浮頭的話，就必須要進行打氣或換水。
脂鯉	這是指脂鯉目或脂鯉科的魚，也直譯為加拉辛。包括以日光燈為首的許多種類的成員，分佈於南美、中非等地。　　　→ P66
啟動	在水族箱裡裝上過濾器等必要的東西，放入水，設置到可以放養魚的狀態。
淡水	河川或湖泊、池塘、沼澤等不含鹽分的水。熱帶魚就是棲息於淡水的淡水魚。
混養	這是指將數種不同品種的魚一起飼養在同一個水族箱。　　→ P42
細菌	指水族箱裡自然發生的生物細菌、微生物，會附著於濾材或砂礫上。能夠產生各種化學反應，有助於水質穩定。　　→ P37・56
短鯛	鱸目慈鯛科的熱帶魚。分佈於中南美。　　　　　　→ P113
造景	水族箱裡的配置。特別是有放入水草或裝飾品做裝飾的水族箱，稱為造景水族箱。要在水族箱裡的什麼地方放裝飾品、種植水草，都要先考量魚兒的游泳空間與是否美觀等，再來決定造景。　　　　　　　　　→ P136
黑水	這是指亞馬遜河中溶入大量單寧酸的水質。為了使魚繁殖，也有使用泥炭苔來製作的。
慈鯛	鱸目慈鯛科的魚。分佈於中南美、非洲、中東等地。代表種類有神仙魚、七彩神仙魚等。　　→ P101・112・113・114
稚魚	剛孵化沒多久的魚。
鼠魚	鯰魚的一種。分佈於南美。　　　　　　　　　→ P92
孵化	從卵變成稚魚的過程。
對水	將熱帶魚放入水族箱裡時，一點一點地使其適應水族箱裡的水的作業。　　　　　　→ P46
酸性	氫離子濃度比中性（酸鹼值7）還低的狀態。
學名	世界共通使用的魚的固有名詞。以希臘文或拉丁語的小寫字編成。
燈魚	日光燈等小型脂鯉的總稱。　　　　　　　　　→ P66
濾材	放入過濾器中，讓細菌自然繁殖，以便進行生物過濾與物理過濾。　　　　　　　　　→ P22

濾棉	在上部過濾器作為濾材使用的毛氈。以化學纖維製成,有將水中的污物進行物理過濾,以及繁殖細菌進行生物過濾的功能。 → P22	**珊瑚砂**	珊瑚的骨骼變成微細砂狀的東西。作為底砂使用時,水質會傾向硬水・鹼性。 → P26
藥浴	在水族箱裡放入藥劑與鹽,讓熱帶魚悠游其中使其恢復。 → P151	**寄生蟲**	指魚虱、錨蟲等,會寄生於魚的體表或鰭上。 → P153
護理	為了讓魚的狀態變好,放入加有藥劑的水族箱裡蓄養的作業。 → P40・46	**產卵筒**	為了讓魚把卵產於其上而放入水族箱裡的筒狀陶器。使用在神仙魚和七彩神仙魚的繁殖上。 → P103
鹼性	氫離子濃度比中性(酸鹼值7)還高的狀態。	**產卵箱**	設置於水族箱裡,用來採取卵胎生鱂魚的稚魚。盒子的底部有2層,稚魚會掉落到下面的空間,使得雙親無法將其吃掉。 → P86

三字部

大磯砂	原本是指在日本大磯海岸所採的砂礫,現在則泛指在海岸所採取的所有砂礫。經常被用來作為底砂。 → P26	**硝酸鹽**	氨分解為亞硝酸鹽,亞硝酸鹽再經由細菌連同氧氣一起被消耗,變成對魚比較無害的硝酸鹽。 → P56
水陸缸	利用水域與陸地部分,布置植物並加以培育的觀賞用水族箱。 → P148	**絲蚯蚓**	像絲線一般細小的水生蚯蚓。作為活餌被販賣,為多數熱帶魚所喜食。 → P51・52
水黴病	體表變得好像附著白色棉絮一般,也被稱為水棉病。 → P152	**裝飾品**	種植水草,或是為了美觀而放入水族箱裡的物品。有流木、石塊、溶岩、市售的裝飾品等。 → P27
白化種	因突變而讓體表色素消失的個體,眼睛是紅色的。另外,也指將此特徵固定下來的品種。	**過濾器**	讓水族箱的水循環,使其通過過濾器來保持水質潔淨的裝置。具有過濾污物的物理過濾與分解氨及亞硝酸鹽的生物過濾的功能。 → P21
白點病	原因為白點蟲的寄生,身體表面或鰭上出現白色斑點的疾病。 → P152	**酸鹼值**	亦即 pH 值。為水中的氫離子濃度,表示酸性、鹼性的單位。酸鹼值7為中性。
立鱗病	由產氣單胞菌所引起的細菌感染症,會使得鱗片翻起。鱗片下方有分泌液堆積,體表會充血。 → P152	**蔟生型**	指葉子從根部呈放射狀生出的水草類型。 → P119
卵胎生	雌魚在體內讓卵孵化,然後產出稚魚的類型。有孔雀魚、滿魚、茉莉等。		

監修者簡介

勝田正志　愛玩動物飼養管理士。觀賞魚飼育士。「喜沢熱帶魚」店主。從小就喜歡魚，飼養・繁殖過各種熱帶魚和金魚。1968年創立的「喜沢熱帶魚」是以日本產孔雀魚為主，販售各類孔雀魚及金魚。為了推廣孔雀魚，也擔任彩之國guppy club 會長，以及Japan guppy matching club的諮詢人員。主要監修作品有：《熱帶魚的飼養法・培育法》、《金魚的飼養法・培育法》（以上為成美堂出版）、《人氣的熱帶魚・水草圖鑑》（日東書院）等。

日文原著工作人員

● 企畫・編輯　成美堂出版編輯部
● 攝影　　　　中村宣一
● 插圖　　　　池田須香子
● 內文設計　　岩嶋喜人（Into the Blue）
● 撰文　　　　宮野明子
● 構成・編輯　小沢映子（Garden）

● 飼育用品協力
Tetra Japan株式会社
〒153-0062 東京都目黒区三田1-6-21 アルト伊藤ビル
TEL. 03-3794-9977（Tetra Information Center）
http://www.tetra-jp.com/

● 攝影協力
喜沢熱帶魚
〒335-0013 埼玉県戸田市喜沢2-41－7
TEL.048-442-4645
石塚義信／田中 清／新田 満／日渡雅喜／
萩原俊範／石島 孝

有著作權・侵害必究　　　　　　　定價320元

動物星球 8

熱帶魚與水草的飼育法（暢銷版）

監　　修/ 勝田正志
譯　　者/ 徐崇仁

出　版　者/ **漢欣文化事業有限公司**
地　　址/ 新北市板橋區板新路206號3樓
電　　話/ 02-8953-9611
傳　　真/ 02-8952-4084
郵 撥 帳 號/ 05837599 漢欣文化事業有限公司
電 子 郵 件/ hsbookse@gmail.com

二 版 一 刷 / 2020年5月

HAJIMETE NO NETTAIGYO・MIZUKUSA NO SODATEKATA
©SEIBIDO SHUPPAN CO.,LTD 2006
Originally published in Japan in 2006 by SEIBIDO SHUPPAN CO., LTD.
Chinese translation rights arranged through TOHAN CORPORATION, TOKYO.,
and Keio Cultural Enterprise Co., Ltd.

國家圖書館出版品預行編目資料

熱帶魚與水草的飼育法 / 勝田正志監修；徐崇仁譯.
-- 二版. -- 新北市：漢欣文化, 2020.05
160面；21X17公分. --（動物星球；8）
譯自：はじめての熱帶魚&水草の育て方
ISBN 978-957-686-767-5(平裝)

1.養魚 2.蝦 3.水生植物 4.養殖

438.667　　　　　　　　　　　　　　107022562